永恒的城市与建筑

唐亦功　著

商务印书馆

2008年·北京

图书在版编目（CIP）数据

永恒的城市与建筑/唐亦功著. —北京：商务印书馆，
2008
　ISBN 978–7–100–05544–4

　I. 永… II. 唐… III. 城市史：建筑史—世界
IV. TU–098.1

　中国版本图书馆CIP数据核字（2007）第099769号

永恒的城市与建筑

唐亦功　著

商 务 印 书 馆 出 版
（北京王府井大街36号　邮政编码 100710）
商 务 印 书 馆 发 行
北 京 瑞 古 冠 中 印 刷 厂 印 刷
ISBN 978 - 7 - 100 - 05544 - 4

2008 年 4 月第 1 版　　　　开本 700×1000　1/16
2008 年 4 月北京第 1 次印刷　　印张 19
定价：35.00 元

谨以此书献给我的导师

侯仁之教授

目　录

寻找巴别塔之钥

（代序）

传说上帝在造人时，为了避免他们由于彼此沟通方便而力量过于强大，因此在人类造巴别塔的同时，也赋予了他们不同的语言。在法国和意大利，除了那些优美的建筑、丰厚的历史文化底蕴和令人赞叹不已的城市外，给人印象最为深刻的，便莫过于他们的语言了。虽然法语和意大利语现在只是一个国家的语言，但在历史上，他们都曾有过极为辉煌的历史。古罗马的语言也即是拉丁语的源头，而拉丁语作为世界语通行了千余年的时间。法语则在欧洲的文艺复兴时期之后，在数百年的时间内，都是欧洲各国的官方语言。遗憾的是，我除了本国语和英语外，对这两种语言都一窍不通，这就使我在研究法国和意大利的相关问题时，遇到了很大的困难。当我对着那一幅幅法国和意大利的城市地图时，几十个甚至数百个用法语和意大利语标出的地名使我一时真有老虎吃天、无法下爪的感觉。但既然下定了吃天的决心，就不能不去下爪，关键的是首先要把爪下在何处。经过一段时间的琢磨之后，我发现无论是法语还是意大利语的地名都有着一定的特点和规律。如果能初步掌握这些规律，就能对地名的释读和记忆有很大的帮助。

1. 有相当一部分地名是与英语相同或相近的。如法语中的"旅馆(Hotel)"、"中心(Centre)"、"大(Grand)"、"正义(Justice)"、"道路(Avenue)"和 喷泉 (Fountain) 等词，就与英语完全相同。此外，与英语相近的词也不少。如法语和意大利语中的"宫殿(Palais)"，法语的"塔(Tour)"、"博物馆(Musee)"，意大利语中的"城堡(Castel)"、"喷泉 (Fontana)"和"纪念碑(Monumento)"等，均为与英语读音相类或与其写法相近的词。

2. 常用地名的表示方法，可用一些较为典型的标志性建筑物来一一对应识别。如巴黎的"凯旋门"和罗马的"君士坦丁凯旋门"，其"凯旋门"一词分别为"Arc"和"Arco"；而意大利语的"别墅 (Villa)"、"宫殿或府邸 (Pallazzo、Piazza)"、"大道 (Via)"、"广场 (Foro、Forum)"，法语的"道路 (Rue)"、"桥梁 (Pont)"、"广场 (Place)"等词亦可据此来一一对应得出。此外，法语地名前的Sanit一词代表教堂。而不论法语还是意大利语的"神庙"一词，则均为"Pantheon" (可能来源于古希腊的巴特农神庙)。

3. 熟记特有的典型地名。如"斗兽场 (Colosseo)"、"巴黎圣母院 (Notre Dame)"、"圣心堂 (Sacre Coeur)"及"巴黎凯旋门 (Arc de Triomphe)"等专有名词。

一旦找出了地名释读的规律，也就奠定了进一步研究的基础。而我，则拿着巴别塔上的这把钥匙，开启了一扇美丽的小门。

引 言

两年前的一个仲夏的傍晚，我与朋友在校园的林荫道上漫步，话题四处游走，不知不觉间就谈到了意大利。我说做一个意大利人真是非常幸福，朋友问为什么。"意大利人的历史不仅有各类史书为凭，也有各个时代的建筑来证明。当一个意大利人说到恺撒、奥古斯都、哈德良和图拉真时，你肯定就会想到罗马的恺撒广场、奥古斯都广场、万神殿、蒂沃里别墅以及图拉真纪念柱呀，"我十分羡慕地说。

一个没有凝固的历史存留下来的民族是非常可悲的，而建筑就是这种凝固的历史。如果有一天，我们的子孙后代想要了解某段历史，只能从一些泛黄的书页中，或从因特网的文字和图片中寻觅到有关历史的一鳞半爪时，我们民族具象与厚重的历史便变成了轻薄与抽象的记载。

记得那天晚霞如锦，我们谈着意大利。路边的银杏树、龙爪槐、丁香、紫藤和蔷薇点缀着我们的话题。恍惚间，我觉得自己好像是走在了古罗马的大街上，那里有着青石铺砌的大道，各式各代雄伟的古建筑，伞盖状的地中海松遍布全城，高鼻深目、黑发、穿着斯巴达克式服装的古罗马人在大街小巷中攒动。我以为自己穿过了两千多年的时光隧道来到了古罗马，一时间，竟不知是真是幻。也许诚能通灵，那么，我与古罗马那永恒的辉煌和不朽的传说真的是彼此相通的吗？

2005年12月，我终于踏上了我的寻梦之旅，来到了意大利(其后又去了法国) ——这个处处都充满了历史与传说的梦幻之邦。在意大利和法国，我每天的大部分时间都飞走在这些永恒之城的各个建筑物间，忘记了吃饭和休息。我在努力地寻觅着那些古老的密码。我相信，以我无限热爱和充满虔诚的膜拜之心摄取到的永恒不灭的灵息，会使我在精神上获得永生。

本书共分为十个部分。在国外的城市中，以罗马、佛罗伦萨和巴黎作为研究的重点。因为这几个城市几乎是西方 (除希腊外) 所有重要的建筑风格的起源地和代表地——罗马风格 (其后的罗曼式亦是这一风格的延续和仿效) 、文艺复兴风格、哥特风格、新古典风格、巴洛克和洛可可风格。这些不同的建筑风格既在时间上前后相继，也在形式上继承发展。探讨这些建筑风格之所以形成、发展和变化的历史原因，不仅可以从这些城市的建筑形式以及城市的规划和布局形式中发现其规律，更重要的是还需对其人文精神和其历史的发展过程作深入的研究和了解，这样才能准确地把握各时期不同风格赖以存在的文化土壤和建筑形式发展的历史渊源。

在国内的城市中，选取了西安作为研究的对象，其原因有以下几个方面。① 唐代的长安城不仅是中国封建社会前期的政治、军事和文化的中心，同时也是当时国际性的大都会，在世界上都有着极大的影响。此外，它的城市规划严整、布局有序，是中国古代文化最直接的反映。② 唐代的长安城也是中国古代建筑发展到极盛时期，各种建筑形式精华毕现的集大成式的城市。中国古建筑发展到了唐代，不仅建筑的各种形式都已具备，而且迄后均无大的发展。因此，对于唐代长安城部分建筑形式规律的探讨，可为研究我国古代城市的建筑形式与发展水平提供切实、具体的借鉴与参考。此外，唐长安所在的关中地区还是中国古塔较为集中的地区。从唐代直至明清，各种类型、各个时期的古塔 (共有124座) 极大地丰富了这一地区的文化遗存。更为重要的是，这些古塔遗迹尚存，相对于早已毁坏殆尽的唐代长安城的地面建筑来说，在研究上可将其作为重要的补充。因此，特将我的学生卞建宁对于关中地区古塔的研究论文作为相关章节的一部分，以资参考。

欧洲的皇后
——巴黎

1. 辉煌法兰西

法兰西是欧洲的皇后。尽管这个美人已过了她的全盛时期，她还是充满了令人钦慕的优雅、完美的精致和不尽的韵味。而这一切，都是因为她承载了太多的历史和积淀了太多的文化。

法兰西民族是一个融合了众多民族血统的大家庭。在这个大家庭中，既有高卢人、日耳曼人、意大利人和伊比利亚半岛人，也有犹太人及阿拉伯人。而这个大家庭的逐渐形成时期，则大约可追溯到公元前。公元前2世纪，罗马帝国雄才大略的恺撒大帝第一次踏上了法兰西的土地。从此，延续了500年之久的高卢—罗马文明开启了序幕。在这非同寻常的500年中，高卢民族的法兰西实行了总督治理的行省制，创建了法语，兴建了道路网，制定了相关的法律。此外，罗马人的政治和军事制度等也在高卢找到了进一步生长的合适土壤。

公元5世纪，是这个大家庭的成员急剧增加和不断变动的时期。在这个时期，先后有汪达尔人、东哥特人、西哥特人、勃艮第人、不列颠人甚至亚洲的匈奴人进入了法兰西（此前还有凯尔特人）。在经过了一系列的战争和归并后，法兰克人的军事首领克洛维逐步征服了高卢土地上的各个民族，建立起了法兰克帝国，史称"墨洛温王朝"。此外，克洛维一世还是把罗马基督教引进法国的功臣。墨洛温王朝的货币即以四臂等长的十字交叉作为标记，这一标记也成为其后法国远征耶路撒冷的十字军的徽记。

这个统一的墨洛温王朝在经过了近300年的统治后，终于在公元751年走到了他的尽头。这一年，首相之子，俗称"矮子"的丕平废黜了墨洛温王朝的末代君主而自立为王，称"加洛林王朝"。在加洛林王朝的诸王中，查理曼大帝是其中的佼佼者，至今他的骑马铜像还矗立在巴黎圣母院前的小广场上（图1-1）。查理曼大帝当政时期，他的领土北到德国的巴伐利亚、南到意大利的伦巴第，相当于今法国、德国和意大利的版图。但这片广阔的疆土很快就在他的儿子们的手里一分为三，

图1-1 查理曼大帝骑马铜像

即今天的法国、德国和意大利。而其中的西法兰克王国便成为了法兰西王国。加洛林王朝在民族的同化和宗教信仰的改革方面做出了不少努力，十字军东征和骑士制度的建立都发生在这一时期。

其后的加佩王朝是一个政治改良和经济不断发展的王朝。国王有效的行政管理、较为严格的法律、活跃的贸易和新的信贷形式以及新型的生产关系的确立，都使得国家的人口不断增长，城镇大批出现，农业经济也得到了持续的发展。

然而，英法的百年战争终止了法兰西经济发展的有力步伐。虽然在百年战争后期，法兰西的国王查理七世和路易十一

图1-2 巴黎街景

励精图治，最终将英军赶出了法国领土。但法兰西经此一劫，元气大伤，人口和国力都不可与前同日而语了。

路易十一以后的法兰西在经历了文艺复兴思想的传入、宗教改革思想的传播和宗教战争的劫难后，像一个曾经繁华的迟暮美人那样，既有着富裕与风光的往昔，也有着千疮百孔、不堪回首的眼前。如此直至亨利四世即位……

法国人是非常浪漫和时尚的民族。抛开历史上那些动人心魄、缠绵悱恻的文学作品与历史记载不论，只要在巴黎街头漫无目的地走上一遭（图1-2），就会对他们的民族性有一个大概的了解。巴黎的女士是极为优雅的一群。无论是外貌、气质、

图1-3 巴黎街头的书报栏

图1-4 巴黎街头的海报

图1-5 巴黎街头的鲜花店

图1-6 巴黎同性恋广场一瞥

修养、服装还是化妆品的使用方式，都令人赞叹不已。巴黎的男士于不俗的修养中透着高傲，但这种高傲并没有影响到他们助人为乐的热情。巴黎的街头既有华贵与高雅的历史和文化氛围，也充满了活泼与生动的市井喧嚣——街头报刊亭排列着五光十色的印有性感美女封面的杂志 (图1-3)；电影院的海报上，哈里波特和金刚如炬的目光俯视着街上的芸芸众生 (图1-4)；临街花店橱窗里的鲜花艺术而醒目地摆放着 (图1-5)；而圣母院临塞纳河一侧的旧书市场也已开张；同性恋广场的树木在冬日的寒风中摇曳 (图1-6)；歌剧院附近大街上的摊贩们忙于做着年末的最后一笔生意。

这就是巴黎，她有着丰厚的历史和美丽的传说，而她却又活在现实中。

2. 巴黎城的历史与发展

巴黎虽然在9世纪才建成，但它的历史却可追溯到公元前数千年，当时这里已有了人类活动的遗迹。此后，约在公元前3世纪前后，凯尔特人的一个部落来到了这里[①]，并定

_____
[①] 凯尔特人原住于欧洲中部，后来沿莱茵河西迁至今天的法国、比利时以及部分荷兰和瑞士地区。后有一支渡海至不列颠，一支越过比利牛斯山进入西班牙，还有一支越过阿尔卑斯山进入了意大利的波河流域。

居了下来。凯尔特人当时与外界已有了一定的经济联系，这方面有发现的古希腊金币可以为证。在其后的几个世纪里，经过不断的战争和民族融合，该地区终成了罗马帝国的一部分。恺撒大帝在他的名著《高卢战纪》中曾多次提到过的露特西亚，就是巴黎。其后，在墨洛温王朝和加洛林王朝时期，巴黎一直是历代王室的居住之处。但直至加佩王朝（公元10世纪之后）时，才正式确定了巴黎王国首都的地位。

在此后的12～13世纪中，巴黎的城市建设有了较大的发展。先后开始了卢浮宫和巴黎圣母院的建设工程，创建了巴黎大学，并建起了圣礼拜堂等。但其后的14～16世纪初，却是巴黎最多灾多难的岁月。一系列的起义、内战、瘟疫和宗教战争使得巴黎民不聊生、生灵涂炭。

巴黎在城市建设和城市规划方面持续的发展时期起于亨利四世时。这一时期以来，随着巴黎的人口不断增长，城市的规模也日渐扩大。

在巴黎城市的发展过程中，先后有四位国王和统治者对巴黎城的建设与发展起过重要的作用。

（1）亨利四世时期(16世纪)

亨利四世在位时间是1589～1610年，他是一个颇有作为的皇帝（图1-7）。在他即位伊始，便颁布了《南特赦令》，规定

图1-7 亨利四世骑马铜像

新教徒享有信仰自由和集会的自由，从而为长期以来法国天主教和新教的不断战争画上了句号。此外，这个务实的皇帝还大力恢复经济，重视商贸，加强对于海外殖民地的开拓和经营，并在其后建立了加拿大魁北克殖民地。

亨利四世在巴黎的城市建设史上，先后进行了三项具有开拓性的工作。其一，公布了第一个巴黎城市规划标准。其二，城市建设委托私人投资者进行，从而大大加快了城市建设的速度。此时，巴黎城内陆续建起了圣路易岛新区，以及大批贵族、中产阶级的住宅和各类宗教建筑。其三，在注意对原有的城市设施进行修缮和美化的同时，还建造了大量的公共设施，如广场、街道、医院、民居住宅、工厂和水利设施等，从而使城市的各项功能更为完善。

（2）路易十四时期（17世纪）

路易十四与他的前任路易十三相比，显得更为强势和跋扈，因此他曾被首相和红衣大主教马扎兰称为"伟大的国王"(图1-8)。尽管他可能是法国的历届国王中，遭受家庭不幸最多的国王。他在位期间，他的王妃和他们所有的六个孩子，两个儿媳、三个孙子以及曾孙辈的几个后代都先他而亡。但他超乎寻常的坚强意志和百折不挠的顽强精神却使他多所建树。在这位"伟大的国王"在位期间，王权达到了极盛。他不仅牢牢地控制了世俗的皇权，而且对宗教的控制权也有着极大的兴趣。这期间，他首先废除了亨利四世颁布的《南特赦令》，致使法国境内有30多万新教徒流亡海外。即使在作为国教的天主教内，教士们也被层层地划分为各种等级并总由主教控制，而主教的命运又被掌握在国王手里。其次，他在全法国推行了统一的法律和法规并建立起了一支强大的军队。

在这种铁腕强权的统治下，路易十四也并没有忘记发展和奠定这种强权赖以生存的经济基础。在他的财政监督官科尔贝尔的辅佐下，他不遗余力地推行重商政策，鼓励发展工商业，

图1-8 路易十四像

改善交通，还建立了国家垄断的贸易公司和手工业工厂。

此外，在亨利四世所奠定的城市发展的雄厚基础上，路易十四时期也进入了一个城市建设的大发展时期。各种功能性的建筑如工厂、医院、荣军院、广场、桥梁和塞纳河沿岸的大量民居建筑使得巴黎城的规模有了较大的发展。至17世纪末，巴黎的人口已达近50万，房屋已有了数万幢。与此同时，位于巴黎郊外的凡尔赛宫也在路易十四的大力建设下，成为了当时法国宫廷的驻跸之地。

图1-9 路易十五像

（3）路易十五时期（18世纪）

路易十五时期是一个民主思想的启蒙时期。由于这一时期的法国对殖民地贸易的迅速繁荣，以及人口增加、消费扩大和相对较长时间的和平，都使法国的经济和金融业得到了较大的发展。而在这种资产阶级日益发展壮大并渐成为社会的主要力量的形势下，孟德斯鸠、卢梭、狄德罗、伏尔泰等人有关民主共和、人民主权以及立法、司法和行政三权分立的启蒙学说，也得到了普遍的接受和赞同。

路易十五时期对于巴黎的城市建设来说，是一个承前启后并为以后的城市发展奠定了重要基础的时期。这一时期城市建设的主要方向和内容充分体现了在经济迅速发展基础上的民主和平等的原则。其特点主要有两个。其一，建筑领域的创造权更多地转到了私人的手里；其二，对城市规划和公共工程如集市、喷泉、剧场和民居的研究大量增加，还制定了根据房屋所临街道的宽度确定房屋高度的规定。这一时期中，兴建并完成了大量的有着不同目的和功能的各类建筑。此时，通往凡尔赛、圣日耳曼大道等沿线的郊区地段也由于城市规模的不断扩大而逐渐成为了巴黎市民居住的首选。

（4）拿破仑时期 (19世纪)

尽管拿破仑一世 (图1-10) 十分有志于巴黎城的建设与发展，但由于频繁的战事和动荡的局势使他的许多计划都未能实现。

与家世渊源且在数百年的时期内对整个欧洲的政治和经济局势都起着不可忽视的重要作用的佛罗伦萨的美第奇家族相比 (美第奇家族曾先后出过数位教皇和法国皇后) ，拿破仑·波拿巴所出身的家族就显得太微不足道了。拿破仑·波拿巴 (即拿破仑一世) 1769年生于科西嘉岛阿亚克修城的一个破落贵族的家庭。这个家庭虽然没有给拿破仑带来显赫的背景和足以自豪的头衔，但为这个好学、聪颖、颇有天赋的学生提供某些必要的教育还是可能的。拿破仑年轻时先后在法国布里埃纳和巴黎士官学校学习。毕业后，即被任命为炮兵团少尉军官，此时他年仅16岁。

拿破仑的神话还在继续。26岁时，拿破仑即被任命为法国

图1-10 拿破仑一世像

意大利军司令官。28岁时，拿破仑率军远征埃及。在经过了一系列的战争、政变和政治措施后，拿破仑成为了法兰西第一帝国的皇帝，成为了"拿破仑一世"，时年35岁。

之后，成为了皇帝的拿破仑又先后指挥了闻名遐迩的奥斯特里茨战役，以及耶拿—奥厄施泰特战役、弗里德兰战役、瓦格拉姆战役、征俄之战和莱比锡战役等，最终于英法的滑铁卢之战中，拿破仑率领的法军被彻底地击败了。此后，大西洋南部的圣赫勒拿岛成了一代雄主最后的栖身之地，直至1821年5月52岁的拿破仑逝世。

在拿破仑短暂而辉煌的一生中，他生命的绝大部分时间都用于了各种目的不同、规模不一的战争。但在戎马倥偬中，他也并未忘记巴黎的城市建设。他最感兴趣的方面多集中于市政工程上，如修建河堤、桥梁、民居、集市、喷泉、饮水系统及污水处理系统等。但在其他的城市建设项目上，他却为财力和精力所限，终未能一展宏图。

然而，拿破仑一世未竟的夙愿却在其后人拿破仑三世时期实现了。拿破仑三世是拿破仑一世的兄弟路易·波拿巴与约瑟芬 (拿破仑一世的皇后) 的女儿奥当丝·德·博阿尔内的第三个孩子，出生于1808年 (其间还有一个拿破仑二世。他是拿破仑一世的儿子，但他从未当上过皇帝)。尽管后来的史学家和作家把拿破仑三世 (路易·拿破仑) 描写为"身材矮小，长了一颗为高大得多的身材预备的脑袋，用人们无法确定来历，几乎是外国口音说话"的其貌不扬的男子，但拿破仑三世却是波拿巴家族中唯一一个可与其伟大的伯父拿破仑·波拿巴仿佛一二的人。因为拿破仑家族中的大部分人都满足于依靠不菲的年金和各种收入过着奢侈的生活，因此这个家族中从来就不缺乏胸无大志、不负责任、智商不高的登徒子，很多人只有年龄增加到了一定的程度才可勉强地改变他们的这种嗜好。

拿破仑三世的过人之处之一，就是他虽非经济学家，却有着不凡的直觉和判断力。他把国家干涉主义的拿破仑传统和经

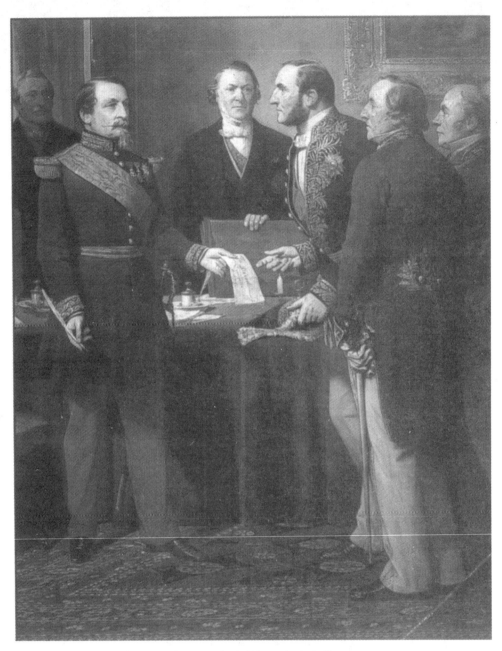

图1-11 拿破仑三世与奥斯曼

永恒的城市与建筑

济的自由结合了起来，这使他利用了当时政治形势的相对稳定而进行了国家的大量投资和长期信贷制度，此举奠定了国家经济的雄厚基础。这个基础又由于该时期在美国和澳大利亚的淘金热中发现的大量黄金不断涌入法国 (法国贸易的顺差所致) 而更加稳固。在这种有利的形势下，拿破仑三世向着他一生中的一个重大目标进发了，这就是——改造帝国的首都巴黎。他要把巴黎变成一个阳光充足、房屋整洁的现代化的文明都市以及世界上最美的城市和欧洲大陆真正的精神首都。拿破仑三世十分醉心于这项计划，并挑选了充满活力与热情的实干家奥斯曼来具体负责 (奥斯曼此时是塞纳省省长) 。拿破仑三世与他的得力助手奥斯曼一起 (图1-11) ，建设起了一个他们梦想中的乐土，一个"崭新的巴黎"。这个新巴黎不仅应有便利的交通、完善的公共设施和整齐划一的功能分区，而且"根本不必有工厂和工场……他应成为文化艺术活动中心及商业活动中心"。

有不少证据表明，巴黎城的改建规划是拿破仑三世和奥斯曼一起制定的 (后来的著名建筑学家威奥莱·勒·迪克则是主要的实施者) ，他的主要内容五条。①重建中央菜市场和整治西堤岛并由此整修了"巴黎十字大道" (里沃利大街及从东站至天文台的南北大道) 。②先后修建了马尔泽尔布林荫大道 (从御座广场到布洛涅森林并一直延伸到蒙索平原) 、狄德罗林荫

大道 (位于塞纳河右岸东南) 、马让塔林荫大道 (通向北站和东站) 和伏尔泰林荫大道等一系列重要的交通要道。③ 出现了连接蒙帕那斯车站和塞纳河畔的雷纳街，打通了蒙帕那斯车站和奥斯特里茨车站间的联系，清除了从蒙塔涅——圣热那维夫到意大利广场间的阻塞，建起了通向巴黎中心区的歌剧院大街。④ 经过改建和扩大后的城市，将以各交叉路口的广场，如星形广场、圣奥古斯丁广场、阿尔马广场、巴士底广场、御座广场 (民族广场) 、水塔广场 (共和广场) 及歌剧院广场等作为交通枢纽。⑤ 各大交叉路口均由宽敞、笔直的大街相连，每条大街都通向一处纪念性的建筑物。

拿破仑三世与奥斯曼开创的这种城市规划模式在其后的半个世纪内都对欧洲的城市建设产生了巨大的影响，现今巴黎的城市布局基本上都是这一时期的杰作。

3. 巴黎城市的古建筑分布规律

巴黎城自1860年起，便逐渐划分并形成了20个区。各区以塞纳河中的西堤岛为中心呈现由内而外、从中心向四周的螺旋状圈层分布(图1-12)。其中，1区的建设时间最早。此后，从2区直至20区，建设时间依次渐晚。在位于塞纳河两岸

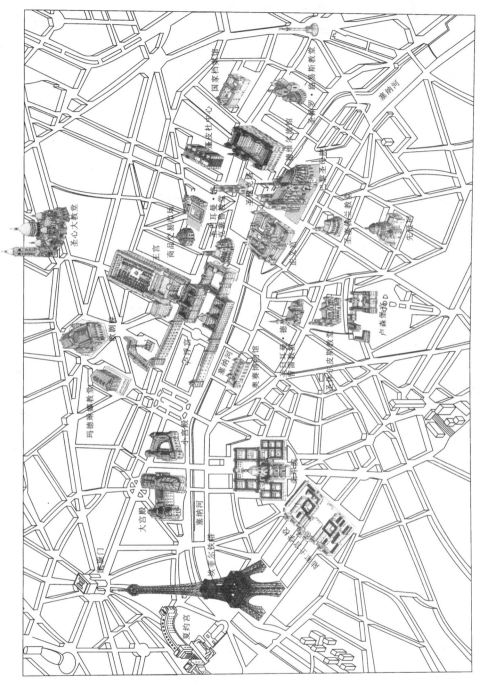

图1-12 巴黎塞纳河沿岸概况

的中心地区内，集中了巴黎大部分较为古老的建于12～17世纪时的建筑。例如，巴黎最古老的建于12世纪的圣日耳曼·洛克塞鲁教堂 (图1-13)、圣朱利安·波夫勒教堂 (图1-14)、圣日耳曼·德普雷教堂以及始建于12世纪的巴黎圣母院等。其中，圣朱利安·波夫勒教堂是巴黎最古老的教堂之一，其建造年代约在1165～1220年，与巴黎圣母院同期。该教堂中舱的几个隔间和正立面已遭破坏，教堂的结构也已在17世纪时作过改动。圣日耳曼·洛克塞鲁教堂的兴建年代从12世纪一直延续到16世纪，是在一座旧教堂的基址上建造起来的。教堂正立面的门廊、门廊上方的玫瑰窗及教堂旁的钟楼，都有着典型的哥特式的建筑风格 (虽然其间亦有巴洛克的建筑要素)。圣日耳曼·德普雷教堂位于巴黎的圣日耳曼区，也是巴黎最古老的教堂之一，它建于公元11～12世纪。虽然教堂在其后有过数次破坏，但其罗曼式的建筑风格 (这种风格由于以后的不断改建和修复已变得不甚明显了) 却一直保存了下来。现在的教堂各部实际上是经过了之后不断的改建、拆毁和修复而最终保存下来的结果。如教堂正立面的门拱建于12世纪，但建于同期的唱诗班席位和两边的小塔却大多被拆毁；门拱旁边的柱廊建于17世纪初，教堂内的大殿及耳房也在这一时期中被改建；至19世纪时，又对教堂进行了大规模的修复。巴黎圣母院始建于公元1163年，它

图1-13 圣日耳曼·洛克塞鲁教堂

图1-14 圣朱利安·波夫勒教堂

是哥特式建筑风格的代表性建筑。

　　始建于13世纪的有卢浮宫、圣塞弗兰教堂、圣夏佩勒教堂和巴黎裁判所监狱等。其中，卢浮宫最早的历史可追溯至12世纪初，当时它是一座用于防御目的的名为"菲力普·奥古斯都"的军事要塞。此后，在这个要塞的旧址上建起了皇室的居所。至今，在卢浮宫的地下通道中，还留存有部分该要塞的城堞遗址。卢浮宫的建筑工程时断时续。其间，在亨利二世、亨利四世、路易十三和路易十四时期，是卢浮宫的扩建工程得以继续的时期。直至1682年，宫廷迁到了凡尔赛。在法国大革命时期(1789年)，随着皇室返回巴黎，对卢浮宫的修建工作才又开始进行，最终于拿破仑三世时完成了对卢浮宫的修建。由于对卢浮宫的建造、修建、扩建和改造历经五六百年之久，所以不仅其整体的布局形式多有变化，而且其建筑风格也缤纷各异。既有文艺复兴风格（萨利楼）、巴洛克风格（莫利楼和图尔哥楼等），也有新古典风格，如卢浮宫的东立面(图1-15)。其后，由美籍华裔建筑大师贝聿铭设计的卢浮宫金字塔则为现代风格。卢浮宫金字塔位于其东立面的广场上，通体为钢架玻璃结构。该金字塔共有675块宝石状的嵌片和118块长方形的嵌片，总高度约24米，侧旁还另有三座较小的金字塔(图1-16)。塞弗兰教堂始建于13世纪，教堂右侧的塔楼和底层拱门上的圆

图1-15 卢浮宫的东立面

花窗带有明显的哥特式的风格。而教堂拱门及右侧低矮的洗礼堂却有着罗马式建筑的痕迹。圣夏佩勒教堂 (图1-17) 被称为"哥特式法国艺术的精华",他的设计者也设计了圣日耳曼·德普雷教堂。巴黎裁判所监狱 (图1-18) 建于13世纪末至14世纪初,又称"康居席瑞",即法语"王宫总管"之意。这座哥特式的城堡从16世纪起,就一直被作为国家监狱。考虑到巴黎城14世纪以前的建筑留存下来的极少且民居几乎无存的具体情况,上述凤毛麟角的建筑遗存就显得格外珍贵。

　　建筑年代稍晚一些的则有:建于15世纪的沙罗纳教堂、森

图1-16 卢浮宫全景模型图

图1-17 圣夏佩勒教堂内景

图1-18 巴黎裁判所监狱

斯旅馆和克吕尼旅馆，建于16世纪的圣厄斯塔什教堂 (图1-19)
和圣雅克塔等。其中，克吕尼旅馆位于一座建于公元2世纪末
的古罗马温泉浴池的旁边，其内部的拱肋带有典型的哥特式
风格。15世纪末，在原来克吕尼修道院的基址上建起了这座旅
馆，以供当时来巴黎朝拜的本笃会修士们住宿之用。克吕尼旅
馆现为一博物馆，主要展出法国中世纪以来的各种生活方面
的文物。圣厄斯塔什教堂建于1532～1637年，它的外立面大量
地借鉴了巴黎圣母院的哥特式风格的布局形式，同时也有着自
己独特的文艺复兴的装饰风格 (立柱部分)。圣雅克塔 (见后图
1-40) 高52米，建成于1522年，原位于圣雅克教堂内。现教堂
早已不存，唯有这座美丽绝伦的哥特式高塔屹立如昔。此外，

图1-19 圣厄斯塔什教堂

还有大量建于17世纪时的各类建筑物如教堂、宫殿、广场、旅馆、桥梁及荣军院等。其中，新桥实际上是巴黎最古老的桥(与它的名字相反)，竣工于17世纪初。这座完全不加修饰的桥使塞纳河两岸的美丽景观一览无遗。王宫原为大主教、首相黎塞留的家宅。黎塞留去世后，遗赠给了路易十三。王宫虽建于17世纪，但他的正立面却建于18世纪后期。带有双柱柱廊的立面、斜坡屋顶和侧翼的雕花的三角形山墙，使整体建筑兼有了新古典风格和希腊式建筑的风韵 (图1-20)。胜利广场和旺多姆广场都是以纪念性的建筑物来作为广场的主题的。胜利广场中竖立着路易十四的骑马雕像 (原作毁于法国大革命时，现在为一座青铜的替代品。见后图1-44)，而旺多姆广场中央则竖

图1-20 王宫

图1-21 巴黎香榭里舍大街

图1-22 旺多姆广场上的拿破仑纪念柱一瞥

立着一个拿破仑纪念柱（原为路易十四的骑马铜像）。这个带有螺旋形浅浮雕的高145英尺的圆柱（与古罗马的图拉真圆柱相类），是用拿破仑在奥斯特里茨战役中缴获的1200门大炮铸成的(图1-22)。八角形的旺多姆广场周围是一些极具纪念意义的重要建筑物，如肖邦曾居住过的里茨旅馆和拿破仑三世皇后的住所。杜伊勒里花园是16世纪中期由路易十四的皇后卡特琳娜·美第奇建造的。花园由纵贯前后的中央大道分隔为两部分，两侧的花园中点缀着为数不少的雕像。香榭里舍大街是这个位于杜伊勒里宫和戴高乐广场之间的时髦、繁华的所在，17世纪以前还是一片沼泽地(图1-21)。

用于收养老弱病残的荣军院建筑群是由荣军院旅馆、荣军院圆顶教堂和广场组成的。荣军院竣工于1676年，荣军院圆顶教堂则是后来增建的。荣军院旅馆的正立面长196米，其入口处是罗马风格的圆形拱门，两侧规整的四层窗户的上方是巴黎当时典型的屋顶形式之一斜坡屋顶。旅馆前面广场上摆置的一排青铜大炮和二战时缴获的德国坦克进一步点明了广场的主题。荣军院圆顶教堂建于1679～1706年，教堂的地下室为拿破仑墓。圆顶教堂从下至上共分为五层，尖顶距地面的高度为107米。正立面的底部二层为希腊神庙的柱式结构（此种形式亦有着法国新古典主义风格的印记），底层的陶立克式柱和二层的科林斯式柱及其上雕花的三角形山墙构成了一组典型的希腊柱式风格建筑的入口。二层之上的部分则兼有着拜占廷、文艺复兴和新古典风格建筑的一些特点，双柱、鼓形座和穹顶分别代表着不同的建筑风格 (图1-23)。

　　建于1665年的法兰西学院是用路易十四时期的红衣大主教马扎兰所赠的遗产建立的，原名为四国学院。后来拿破仑将由五所研究院组成的法兰西学院迁至此地。法兰西学院的外立面与荣军院圆顶教堂颇有相似之处，也是由希腊神庙式建筑的入口和其上的穹顶组成，不同的是上部穹顶的风格更多的带有巴洛克式建筑的痕迹。学院内设有马扎兰图书馆，前厅摆放着马扎兰的墓碑。卢森堡宫是亨利四世的王后玛丽·美第奇在17世纪初建造的一所颇具佛罗伦萨皮蒂宫怀旧风格的豪华建筑物。卢森堡宫包括卢森堡花园、美第奇喷泉和天文台喷泉以及各类雕像、亭台和游乐场地等。卢森堡宫 (图1-24) 的三层正立面是典型的意大利文艺复兴时期的阶层柱式，但上部覆盖的屋顶却有着巴黎17世纪建筑的鲜明特点。

　　巴黎的索邦教堂 (图1-25) 是建于17世纪的位于索邦大学内最古老的建筑之一。他那令人难忘的正立面是各种建筑风格的精华总和——底层的新古典双柱和希腊式的柱头；二层文艺复兴式的对旋；雕刻繁复、凹凸有致的巴洛克式立面以及教堂

图1-23 荣军院圆顶教堂一瞥

的典型文艺复兴风格的穹顶。不仅如此，教堂内的黎塞留墓更
是当时名家的手笔 (由勒布伦设计，吉拉尔东雕刻)。孚日广场
(原名皇家广场) 可说是最具规模的美丽广场了，广场建于17世
纪初。正方形的广场每边长118码，周围围绕的建筑共有36幢
之多。暖色的柱廊、外墙和蓝灰色的坡屋顶以及雕像、白色的
喷泉和大片规整的园林绿地，共同构成了孚日广场那调色板式
的法国园林的绚丽色彩。此外，建于17世纪的建筑还有今毕加
索美术馆和德·叙利旅馆 (德·叙利是亨利四世时著名的大臣)
等。

　　巴黎18世纪时的重要建筑主要有五个。

图1-24 巴黎卢森堡宫

图1-25 索邦教堂

协和广场 (图1-26)。该广场与法国王室的关系之密切，颇有一些宿命的意味。广场的基地原为法国国王的捐地，在1779年建成广场后，为了纪念国王路易十五，在广场的中央竖立起了国王的骑马铜像。在法国大革命时期，这个昔日的皇家广场又成了王室成员的终结之地，国王的雕像被断头台所代替。断头台的刀下之鬼先后有法王路易十六和其皇后玛丽·安托尼以及罗伯斯比尔等人 (现在原断头台处建起了一个摩天轮)。广场中竖立的方尖碑是埃及卢克索神庙的遗物，碑高23米，上有记载埃及法老拉美西斯二世伟大功绩的象形文字。此外，象征法国八个主要城市的雕塑亦被安放在广场的各个方向。

陆军士官学校 (图1-27)。陆军士官学校建成于1773年，拿破仑曾是该校的一名学生。士官学校正立面的建筑布局与荣军院颇多相似之处，虽然风格不尽相同。入口处的希腊柱式和其

图1-26 协和广场·埃及方尖碑

上三角形的雕花山墙，使得整个建筑的希腊风格十分明显。入口两侧的二层翼楼，有着典型的意大利文艺复兴的建筑风格。而位于蓝灰色坡屋顶中心的覆盆状穹顶，则是法国17~18世纪建筑的典型特征。

波旁宫 (图1-28)。波旁宫建成于1728年，最初是为路易十四的女儿波旁公爵夫人建造的，其后又经孔德亲王和拿破仑的几次改建才成今貌。它那希腊神庙式的正立面 (拿破仑时所建)，与玛德琳娜教堂遥遥相对。

圣休尔皮斯教堂 (图1-29)。圣休尔皮斯教堂位于休尔皮斯广场帕拉丁路的街角，是仅次于巴黎圣母院的巴黎最大的教堂

图1-27 巴黎陆军士官学校

之一，它的建造花费了近一个半世纪的时间。教堂的原址是为埃及女神伊西斯修建的庙宇，后来在此废墟上建起了教堂。教堂的平面布局形式为拉丁十字，正立面是二层希腊风格的柱廊，其上的钟楼则融合了希腊和罗马两种建筑风格。教堂的立面形式显然有着巴黎圣母院的影响，尤其是在立面两个钟楼的位置和形式上。

此外，圣休尔皮斯教堂还是一个极富神秘色彩和传说的教堂，萨德侯爵和波德莱尔的洗礼仪式以及雨果的婚礼都在此举行，教堂的修道院还曾被一些秘密团体当作地下集会的场所。不仅如此，该教堂的一个奇异之处也名闻遐迩，这就是嵌在斜

穿教堂高台和灰色花岗石地板上的一条标有刻度的细铜条。该铜条是一种古代的日晷，是原来的异教神庙的留存物。每天，当太阳光通过墙上的洞眼照射进来时，光束便会顺着铜条上的刻度移动，从而起到计时的作用。这一铜线被称为"玫瑰线"。教堂的屋顶还是欧洲最早的旗语遥传系统——沙普系统的所在地，该系统在18世纪时主要用于在巴黎和卢昂间进行的可视信号的联络。教堂设有休尔皮斯神学院，用于对神职人员的培训并由此产生了休尔皮斯派，该派的名称源于墨洛温王朝时布尔日的主教休尔皮斯。另外，教堂内珍藏着的三件宝也颇值一提，即教堂内的管风琴（据说是法国最好的管风琴）、两只体积硕大的圣水钵（原为威尼斯共和国所赠，后路易十五转赠给了教堂）和著名画家德拉克罗瓦在教堂的一个小礼拜堂内画的湿壁画。

先贤祠（图1-30）。先贤祠原称圣热那维夫教堂，建成于1789年。教堂长110米，高83米，平面布局为希腊十字。教堂的正立面是希腊神庙式，在上部由希腊柱式环绕的圆形基座上，一个文艺复兴式的穹顶高踞其上（穹顶底部有一排开窗，其作用类似于鼓形基座）。祠内的地下室内，建有多座名人之墓，如维克多·雨果和埃米尔·左拉等。

此外，建于19世纪的建筑物主要有巴黎歌剧院、玛德琳娜教堂、凯旋门和埃菲尔铁塔等。巴黎歌剧院 (见图1-46) 建成于1875年，面积近12万平方英尺，一次可容纳两千多人。歌剧院的正立面不仅是豪华的巴洛克 (兼有洛可可) 风格的荟萃之作，还是宝贵的建筑艺术、雕塑和绘画的博物馆。玛德琳娜教堂 (图1-31) 位于玛德琳娜广场中央，教堂竣工于1814年。教堂的外立面是由52根20米高的科林斯式柱的环绕柱廊构成的希腊神庙式建筑。凯旋门 (图1-32) 的形式与古罗马的提图斯凯旋门和君士坦丁凯旋门的形式一般无二，拱门、雕塑和其上的楣梁共同构成了凯旋门的基本要素。至于埃菲尔铁塔 (图1-33) 这个用工业时代普通的建筑材料——钢铁建成的巴黎的象征性建筑，则是建筑领域开拓和革新的宣言。总之，在巴黎的中心地区，即大部位于塞纳河左岸的由1区、2区、3区所围成的三角形第一圈层和由5～11等区所围成的第二圈层中，集中了巴黎年代最早的大部分古建筑。

在巴黎城市的第三圈层，即由12区、13区直至20区所围成的范围内，建筑物的年代则大多较为晚近。如位于12区内的伯斯体育场、非洲大洋洲博物馆，13区内的国家图书馆和意大利广场，15区的展览中心、蒙帕那斯大厦，16区的夏约宫、现代艺术博物馆、大皇宫和小皇宫、法国广播中心大楼，17区的会议宫，18区的圣心堂，19区的工业科技博物馆等。其中，在上

图1-28 波旁宫

图1-29 圣休尔皮斯教堂

图1-30 先贤祠

图1-31 玛德琳娜教堂

图1-32 凯旋门

图1-33 埃菲尔铁塔

图1-34 拉·德方斯大拱门

述各类建筑物中，年代较早的有：大皇宫和小皇宫建于20世纪初，夏约宫建于20世纪30年代，均为迎接在巴黎举行的国际博览会而建。位于蒙马特高地的圣心堂的建筑年代虽然较之其他建筑为早，但也不过始建于1876年，至1919年便全部建成。

此外，在巴黎城的西北部地区，是巴黎的名为"拉·德方斯"的新区。新区内的拉·德方斯大拱门（图1-34）以其宏大的时尚和设计的独特而为世人所称道。

4. 巴黎城市各时期建筑风格的特点

巴黎从12世纪以来，其各时期建筑风格的变化与发展都带有明显的时代特征。

(1) 12～13世纪时建筑的形式多以哥特式为主。例如，始建于12世纪的圣日耳曼·洛克塞鲁教堂，始建于13世纪的巴黎圣母院 (它是哥特式风格的典型代表)、圣夏佩勒教堂、圣塞弗兰教堂以及巴黎裁判所监狱等。此外，由于各建筑完成的时间不同，以至于其各自带有着不同的建筑风格。如圣日耳曼·洛克塞鲁教堂至16世纪时才完工，所以该教堂除了典型的哥特风格外，还掺有巴洛克的建筑要素。圣日耳曼·德普雷教堂由于始建年代较早 (约建于11～12世纪)，故其罗曼式风格便较为明显。而卢浮宫虽然始建于13世纪，但长达近600年的建设时间却使他兼具了文艺复兴、巴洛克和新古典等不同的建筑风格。

(2) 15～16世纪时建筑的形式亦大多以哥特式为主。如建于15世纪末的克吕尼旅馆、始建于16世纪的圣厄斯塔什教堂和建于16世纪的圣雅克塔等。

(3) 17世纪时建筑的形式多以希腊式与各种风格的搭配为

主。如王宫、荣军院圆顶教堂、法兰西学院和索邦教堂等。各种风格搭配的形式主要有入口部分为希腊式，上部的圆穹为文艺复兴式或为希腊式入口及巴洛克式的穹顶等搭配。

(4) 18世纪时的建筑 (如波旁宫和先贤祠等) 则大多有着希腊神庙式的外立面，希腊柱式、中楣和三角形的山墙使得这些建筑充满了古典的韵味。

(5) 19世纪时的建筑形式异彩纷呈。既有巴洛克与洛可可 (巴黎歌剧院)，也有古典的希腊与罗马式 (玛德琳娜教堂与凯旋门) 和代表新建筑思潮的形式 (埃菲尔铁塔) 等。

(6) 进入20世纪以来，由于材料的革新和各种建筑流派的纷起，便没有一种建筑风格和形式能在巴黎这个建筑的大舞台上独领风骚了。

综上所述，由于法国是中世纪时期哥特式建筑风格的起源地。因此，在12～16世纪时期，巴黎遗留至今的大部分建筑都具有典型的哥特式风格。由此可见，哥特式风格在此时期中对城市建筑的巨大影响。17世纪以后，随着希腊式、文艺复兴及巴洛克式的建筑风格对巴黎城市建筑影响的不断增强，使此时期中各种建筑形式的多样化趋势日渐明显。此外，17世纪以后，也是巴黎的城市建设和城市规划以及建筑的功能和数量都大为增加的时期。凡此种种，都与路易十四至拿破仑三世时期

经济的快速发展和思想、文化上的解放及启蒙有着极大的关系。在这种形势下，巴黎城市建设日新月异的发展就是必然的了。

5. 巴黎城市的规划布局形式及特点

巴黎城市布局的形式主要奠基于拿破仑三世时期。当时，著名的建筑师维奥莱·勒·迪克和巴黎市长欧仁·奥斯曼在拿破仑三世的授意下，对巴黎城进行了大刀阔斧地改建、重修和各功能区的全面规划。此举一方面造成了对巴黎城历史文化古迹的不小破坏，另一方面，这些经过严格规划的城市布局形式，风格统一、功能完善、景观整齐，颇有法国园林的意韵。现以几组位于塞纳河沿岸巴黎中心地区的建筑群布局形式为例，分析巴黎城规划布局形式的特点。

（1）位于西堤岛西部的巴黎圣母院建筑区

其布局形式充分考虑到了临河或临街建筑物所造成的视觉景观和天际线的变化，力求打破由于建筑物过于整齐划一而带来的呆板和视觉疲劳(图1-35)。如在临河处从西向东，分别布设了哥特式风格的圣·夏佩勒教堂、巴黎裁判所大楼(康

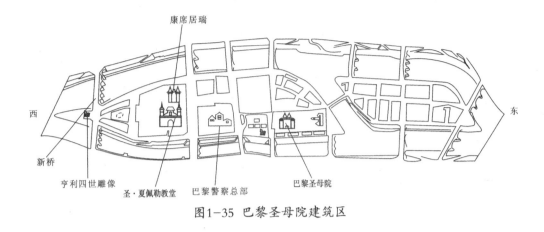

图1-35 巴黎圣母院建筑区

席居瑞)和巴黎圣母院三座标志性的建筑物以统领整个建筑群的布局。他们既是布局的制高点，也是景观变化的焦点。巴黎裁判所大楼建于13～14世纪初，是一幢典型的哥特式城堡形建筑。在每座立面为三层的大楼两侧，均以方形或圆柱形的塔楼相间隔。该建筑大约从16世纪起，即被用做国家监狱。著名的路易十六的王后玛丽·安托尼曾在此被囚了70余天后押往断头台。建于13世纪的圣夏佩勒教堂主要是用来保存王室的遗骨，亦是一座典型的法国哥特式教堂。在两层教堂的主体上，耸立着一座带有哥特式圈层状尖拱窗的双坡屋顶建筑，它的各个窗户之间又以上覆哥特式小尖顶的全露方柱间隔开来。最后，整个建筑统一在一高一矮两个陡峻、峭立的尖顶之下。在这组建筑群中，东临玻利瓦尔广场的圣·夏佩勒教堂的两个高耸的哥特式尖顶和北临塞纳河的巴黎裁判所大楼外立面的哥特式城堡造型大大丰富了建筑群的构图变化。这使得该建筑群的天际线起伏有致，造成了极富韵律的视觉景观。而在圣母院建筑区内，圣母院(据说当时的圣殿骑士对于该教堂的建造功不可没)巍峨的双塔和高耸的尖顶一方面使邻河建筑物的立面起伏有致;另一方面在这一形似船头的圣母院建筑群的整体布局中,圣母院高耸的尖顶就像在一艘劈波斩浪的轮船上竖立着的桅杆那样,极富象征意义和视觉震撼。

此外,西堤岛内的各建筑群均以建筑物四面围合。其形式主要是依其道路的特点或为规整的正方形,或为船形和菱形。各组建筑物之间环环相扣,既在大的空间范围内富于变化和过渡,又在细部的雕琢上颇具匠心。如巴黎圣母院的细部安排,就极富韵律和视觉美感(图1-36~38)。

圣母院原是在一座古罗马时代的神庙遗址上建立起来的。它始建于1163年,至1345年才最后竣工,历时222年。其唱诗堂、中殿、侧廊、外立面、塔楼和礼拜堂分别建于不同的时代,这使得它在统一的总体风格之下同时具有了不同的时代特点。圣母院的细部组成为正立面和塔楼——其在空间上不仅为整体建筑物的构图中心和起始点,也是其整体布局的着力点。"三纵三横"式的布局形式从下而上依次为:底部三个哥特式成圈层状的门洞内布满了精美的雕刻;门洞上方的"国王廊"上则雕有以色列和犹太国历代国王的28尊雕像。雕像上方的那个直径10米的玫瑰窗使得整面建筑从底部精美、繁复、厚重的

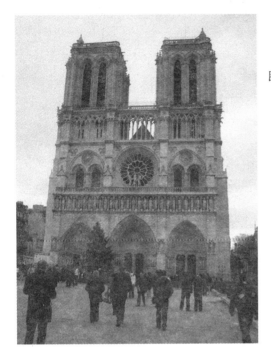

图1-36 巴黎圣母院立面

三个拱门逐渐地过渡到上部轻灵、细巧的雕花拱柱并自然地与竖立其上的两座塔楼衔接起来。教堂大殿——这个长130米、宽50米、高35米的大殿能容纳9000多人，教堂外部那一列列排布整齐的拱扶垛更增加了教堂本身雄伟和庄严的程度。教堂后殿是整组建筑的端点，从大殿前部延伸过来的结构形式收束于此。此外，位于教堂中部高耸的尖塔，也使得圣母院右侧临塞纳河的一面充满了活泼的动感和起伏的韵律，从而打破了教堂在形式上的呆板线条。

（2）位于塞纳河左岸巴黎1区内的沙特莱建筑区

该区建筑物的整体布局形式规整，多依其地势、道路的走向或南北，或东西向延伸，这使得各组建筑物间形成了一个

图1-37 圣母院祈祷室内景

个相对闭合的空间组群(图1-39)。该地区的整体布局从西往东布设了三个标志性的建筑物以统领全区，亦即"三段式的布局"。这就是——位于该区西部的圣日耳曼·洛克塞鲁教堂，中部的圣·雅克塔 (图1-40) 和该区东边的德维尔旅馆等。

圣日耳曼·洛克塞鲁教堂始建于12~16世纪，14世纪时它曾是卢浮宫的王家教堂。教堂的正立面由下而上依次为带有雕花拱柱的深陷门廊、门廊上方的玫瑰花窗和其上部的三角形山

图1-38 巴黎圣母院后面的拱扶垛

墙。旁边是建于11世纪的雕刻精美、空灵的教堂钟楼。中部的圣·雅克塔通高52米，建于1508～1522年间，是原来圣·雅克教堂遗存下来的唯一建筑。圣·雅克塔雕琢繁复，狭长的哥特式拱窗镶嵌在雕刻精美的壁柱间，使整个塔的上升趋势更为明显。壁柱的柱头上则分别雕有圣詹姆斯的雕像和吻兽像。位于该区东边的德维尔旅馆竣工于1882年，其正立面上布满了众多的名人雕像。建筑物顶部的金字塔形屋顶和大钟上方的具有文艺复兴时期风格的小塔楼，使整个建筑物更加丰富多彩和耐人寻味。"三段式"的形式使该区的整体布局丰富活泼，极富韵律。

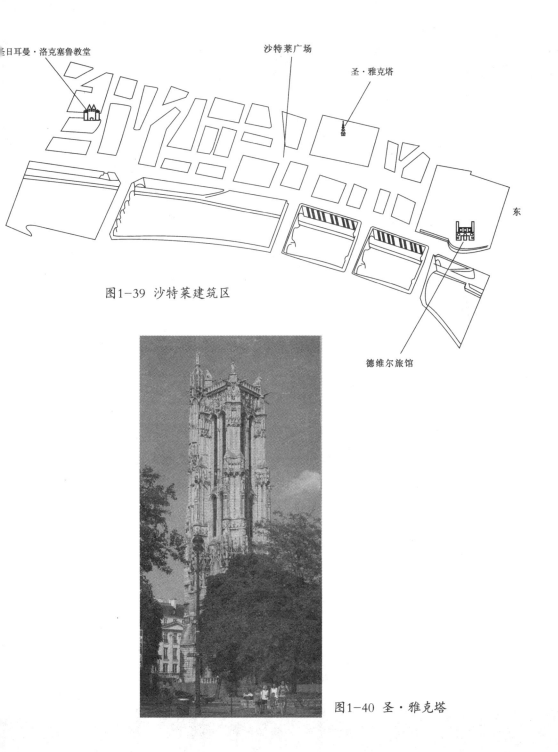

圣日耳曼·洛克塞鲁教堂

沙特莱广场

圣·雅克塔

东

图1-39 沙特莱建筑区

德维尔旅馆

图1-40 圣·雅克塔

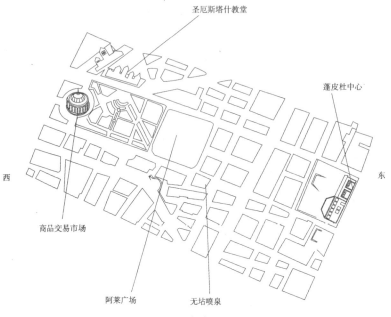

图1-41 阿莱建筑区

（3）位于巴黎3区内的阿莱建筑区

　　在此区域内，"三段式的布局"形式仍很明显(图1-41)。即位于该区西北角高耸的圣厄斯塔什教堂、中部的无坫喷泉和东部的蓬皮杜中心三组建筑物共同构成了该区布局形式的三个重点。整个区域布局规整，建筑物沿街道的走向布设或延伸。位于西北角的圣厄斯塔什教堂建于1532～1637年，其布局特点与巴黎圣母院相类。雕花的拱门、柱廊、玫瑰花窗和三角形的山墙共同构成了该教堂的正立面，教堂大殿外部的拱扶垛集中在三层以上。大殿顶部的锥坡屋顶上，文艺复兴风格的小尖塔耸立其上。中部的无坫喷泉原建于中世纪时期，于1786年才改建于此。在无坫广场中，一个六层的跌水阶梯上，挑出了四面顶部带有三角形小山墙的凯旋门式的喷泉主体建筑。上部的文

图1-42 蓬皮杜文化中心

艺复兴式的穹顶，最终完成了建筑物各部的统一。东部的蓬皮杜文化中心 (图1-42) 是一座号称"都市机器"的现代建筑，它建于1969年。它的自动梯盘道和各种管道均出露于外，不同的颜色对应于不同的功能，充分表现出了现代建筑的功能性特点。这三组建筑使该区的建筑布局形式起伏有致，充满了动感。

（4）位于塞纳河左岸巴黎1区内的王宫建筑群

王宫构成了该建筑群的主体和中心部分(图1-43)。而在与王宫成对角线的两个广场，即位于王宫西南部的安德鲁广场和位于其东北部的胜利广场，使得该建筑群的整体布局于对称中更加富于变化。与前述相同，该区的建筑物依街道走向既有三角形、正方形和长方形布局形式，亦有梯形或不规则的布局形

图1-43 王宫建筑群

式。每组建筑物间均呈闭合状态。其中，王宫建于1624～1645年，原是大主教兼首相黎塞留的私邸，后归于路易十三。王宫正立面的柱础上立着仿古希腊陶立克式的圆柱，其上的三角形楣饰使得正立面的古希腊风格愈加明显。位于一侧的通向王宫内院的柱廊上布设着具有新古典主义风格的双柱，柱间是圆穹式的罗马拱门。其上的蓝灰色坡屋顶为巴黎18～19世纪时的规范化样式，这就使得整个建筑具有了不同的风格和意韵。胜利广场建于1685年，广场中竖立着一尊路易十四的铜像。广场周围的建筑物依其形状呈闭合状态。胜利广场 (图1-44) 与安德鲁广场在该建筑群的布局中形成了对景，进一步烘托、强调了王宫这一中心建筑的主题。

图1-44 胜利广场

（5） 歌剧院建筑群

在位于塞纳河左岸巴黎第一区的这一建筑群中(图1-45)，布设了三座或在体量或在高度上具有醒目特点的建筑物作为该建筑群的布局中心和几何中心。这就是巴黎歌剧院、圣玛德琳娜教堂和旺多姆广场。该建筑群间的道路亦依这三个中心向四周呈放射状延伸，建筑物的布局在道路间呈闭合状态。巴黎歌剧院建于1862～1875年，其面积近12万平方英尺，可容数千人。它在其正立面底层宽大的拱门间，布设有大理石雕刻的巨大立柱，并有楼梯直通向二层。二层的立柱为新古典风格的双柱式，窗楣上嵌有雕花圆窗。雕带式的中楣使整个建筑更加多

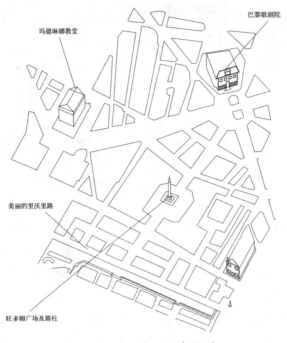

玛德琳娜教堂

巴黎歌剧院

美丽的里沃里路

旺多姆广场及圆柱

图1-45 歌剧院建筑群

彩和华丽。最后，其顶部的穹顶完成了整体建筑的统一构图。
歌剧院的正立面布局为上下三段和左右三段，与卢浮宫东立
面布局形式相似 (图1-46)。圣玛德琳娜教堂建成于拿破仑时
代，其正立面为仿古希腊神庙式建筑。宽大的台阶上，耸立着
带有柱础的科林斯式圆柱。中楣上是雕有"最后的审判"的精
美的三角形山墙。耸立于旺多姆广场上的旺多姆圆柱高145英
尺，上覆有螺旋形的浅浮雕。该圆柱是为了纪念拿破仑的功绩
而建，其材料是采用了拿破仑在奥斯特里茨战役中缴获的1200
门大炮熔铸而成的。

在上述位于巴黎城中心区域内的几个典型建筑群的布局
中，可看出其具有下述的规律。①选择数个 (一般为3个) 或在

图1-46 巴黎歌剧院一侧

高度或在体量上具有一定特点的建筑物作为整个建筑群的主体性建筑统领全区，使该区内其他的建筑物围绕着这些主体标志规则布局。这就使得上述建筑群的布局大多呈现出"三段式"的典型形式。"三段式"既使得建筑群的布局形式打破了凝滞和呆板，又使得天际线更为活泼和充满了动感。从而大大丰富了建筑群布局的构图和色彩。②各区内的建筑物多依其地形、道路的走向规则布局。各建筑物间的组合形式既有方形、长方形，也有梯形、三角形以及不规则的四边形等形状。且各组间多呈闭合状态。此外，还有凯旋门 (图1-47)、埃菲尔铁塔 (图

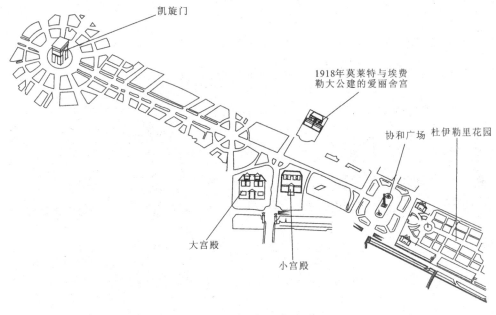

图1-47 凯旋门建筑群

1-50) 和荣军院建筑群 (图1-52)，这三个建筑群分别位于巴黎
塞纳河左岸的第8区和塞纳河右岸的第7区内。三组建筑群均呈
狭长的带状分布。

（6）凯旋门建筑群

它以凯旋门作为整体布局的重心和整个轴线的起点，从西
北向东南延伸(图1-47)。在轴线的南部，相对而列的大宫和小
宫与轴线北部的爱丽舍宫共同构成了轴线中段的对景。该轴线
中部沿香榭里舍大街两旁直至中段的包括大小宫和爱丽舍宫在
内的宫殿园林区以及与协和广场相隔的杜伊勒里花园园林区构
成了该建筑群主要的绿化景观。其中，大宫和小宫均为巴黎为
迎办世界博览会而建的现代建筑，它们都有着宽敞的柱廊、

图1-48 协和广场上的埃及方尖碑

图1-49 凯旋门细部——拿破仑加冕

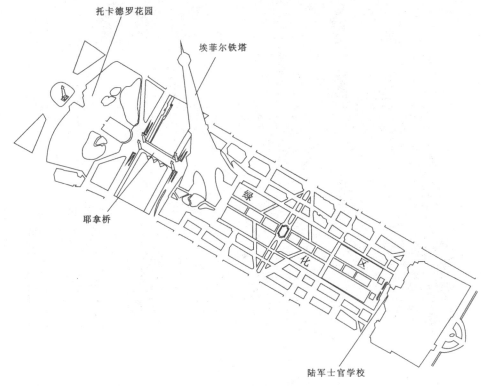

托卡德罗花园

埃菲尔铁塔

耶拿桥

陆军士官学校

图1-50 埃菲尔铁塔建筑群

带装饰的中楣以及圆穹式的屋顶。协和广场 (图1-48) 初建于
1757~1779年，现广场是1836~1840年间建成的。广场中心竖
立着一座高23米的埃及方尖碑，广场的各个方向上分别安放着
八尊象征八个法国主要城市的雕塑。杜伊勒里花园原为建于16
世纪时路易十四的王后卡特琳娜·美第奇的杜伊勒里宫的遗
存，后来宫殿本身毁于大火，现仅存有喷泉、水池、雕塑和后
建的一些楼、馆的杜伊勒里花园。该建筑群的统领建筑凯旋门
耸立在香榭里舍大街尽头的戴高乐广场上，有12条向外辐射的
大道以凯旋门为中心向四面八方延伸。这个高50米、宽45米的

标志性建筑建于1806～1836年间，拱门正面两侧的"马赛曲"和"拿破仑加冕"的浅浮雕点明了凯旋门的主题(图1-49)。

（7）埃菲尔铁塔建筑群

其布局形式除了沿袭典型的"三段式布局"外，亦有着独特的特点(图1-50)。即在该建筑群西北—东南向延伸的长方形地带内，于西北处的起始点布设了有着大片绿地环绕的包括夏约宫在内的托卡德罗花园。与花园一桥之隔 (拿破仑在1806年所建的耶拿桥) 的地方，高耸着巴黎城的标志性建筑物埃菲尔铁塔 (图1-51) 。其端点则收束于东南部有着长方形院落式布局的陆军士官学校。在该建筑群的中心轴线两侧，建筑物均依其基地情况规则设置。而在该建筑群中心轴线 (即从托卡德罗花园直至陆军士官学校) 内，则均为绿化园林区。其中，埃菲尔铁塔建于1889年世博会之前，塔高320米。在天气晴朗的日子里，登塔能望见周围45英里左右的景观。陆军士官学校建于1751～1773年间，其正立面为仿古希腊的神庙式建筑。两侧的翼楼则采用了文艺复兴式的窗饰，顶部蓝灰色的圆穹又有着18、19世纪时巴黎建筑的典型特点。拿破仑于1784年曾毕业于此 (图1-27) 。

（8）荣军院建筑区

从南向北，荣军院作为整个建筑群布局的焦点统领着整个

图1-51 埃菲尔铁塔

建筑群(图1-52)。在该建筑群南北向的轴心地带内，均分布着大片的绿化园林区。绿化带两侧的建筑物则依其基地形状呈规则、封闭式的布局。荣军院建于路易十四时期 (1676年竣工)，用于收养伤残士兵。长方形的荣军院大楼后部是安放着拿破仑遗体的圣路易教堂，它那与罗马圣彼得大教堂的圆穹极为相似的圆顶给人留下了极为深刻的印象 (图1-53) 。

在三个呈带形布局形式的建筑群中，有着共同的布局规

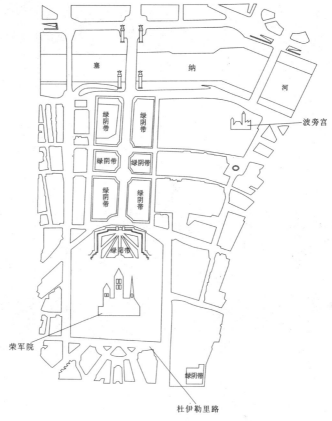

图1-52 荣军院建筑区

律。①在建筑群的中心轴线地带内，均为绿化园林区 (带) 。如凯旋门建筑群中沿香榭里舍大街两旁——大小宫和爱丽舍宫——杜伊勒里花园一线的绿化带 (绿化园林区)；埃菲尔铁塔建筑群内的托卡德罗花园直至陆军士官学校一线的绿化带以及荣军院建筑群中心轴线绿化带区等。②各建筑群的布局均主题突出、清晰明确。如三个建筑群分别由三个重要的标志性建筑物凯旋门、埃菲尔铁塔和荣军院作为整个建筑群的统领，其他建筑物或绿化区均起着烘托主题建筑的作用。

图1-53 巴黎荣军院圆顶教堂远眺

此外，巴黎的城市布局形式自拿破仑三世以来迄无大的变化，其特点主要有四点。①城市的各交通枢纽 (交叉路口) 均以城市广场作为其基本的布局形式。如巴黎的星形广场、巴士底广场、民族广场、共和广场及歌剧院广场等。各交通枢纽间均以宽阔、笔直的林荫大道相连，且每条大街都通向一处纪念性的建筑物。②巴黎城各建筑区内的布局形式多为"三段式"，即多以较为高大醒目的纪念性建筑作为布局的制高点，一般此类的制高点在一个建筑布局区域内布设有三个，其余的建筑物——这些建筑物均依基地的情况呈规则、封闭式的布局——或绿化园林穿插其间。"三段式"的布局形式不仅使得各组建筑物间的配置环环相扣，在空间范围内极富韵律和美感，而且大大丰富了城市天际线的变化和人们的视觉景观。③巴黎城市的各类建筑虽然风格不同，不仅有哥特风格、新古典风格、希腊风格、巴洛克和洛可可风格等，其形式也异彩纷呈。以屋顶形式而论，就有覆盆状、梯形、金字塔形、双坡与锥坡形等。但除了一些遗留下来的古建筑和纪念性的建筑物外，其余大多数建筑物的统一与和谐均以颜色的一致来完成。如巴黎经严格规划的建筑物的屋顶颜色均为蓝灰色。④巴黎大多数建筑物的高度都约在3~5层，且布局严整，密度适宜。这使得城市的整体规划效果十分突出。

二

教皇的城堡
——阿维农

1. 印象尼斯和戛纳

早晨从法意边界的美丽旅游小镇圣雷蒙出发，沿着海边的公路先后经过了尼斯和戛纳，到阿维农时已是下午了。尼斯小城的形成据说源于19世纪时一个英国人的偶然发现。当时这个英国伯爵有感于英国气候的阴郁和潮湿，很想找到一个阳光明媚、四季如春的仙境住下来。一天，伯爵在四处游走间，突然在法国的尼斯海滩边发现了一处景色绝佳的所在（今被称作"英国人海滩"的地方），建起了他的别墅。以后，伯爵的亲戚、朋友们也陆续的来到此地定居下来。随着来人的日渐增多，这个地方便逐渐地发展成了一个城市。它就是尼斯，一个有着碧海、蓝天的名副其实的（尼斯的英文名是nice，美

图2-1 戛纳电影宫

好之意) 优美小城。

戛纳是世界著名的电影胜地之一，每年的戛纳电影节便在此举行，美国好莱坞的许多巨星都曾踏着电影宫的红地毯成为了这一电影盛会的座上宾 (图2-1) 。正值圣诞节期间，戛纳的海边小道上却阒无一人 (图2-2) 。偶尔能碰到遛狗跑步的当地人，很快乐地道一声早安，宾主皆喜。尼斯和戛纳的街道两旁大多是体量不大、立面规整的公寓式楼房，很少能见到高层建筑。一路上，我只见过三座较高的建筑，它们都是典型的四面退层式楼房 (图2-3) 。呈阶梯状的层层外立面上，每家窗口都摆置着怒放的鲜花和各种植物，使这些建筑看起来就像一个个插满了花的巨大花瓶，十分好看。

图2-2 戛纳海边公园

图2-3 尼斯路边退层式建筑一侧

2. 阿维农掠影

　　阿维农是一个由保护得很好的老城墙围起来的建在山坡上的小城 (图2-4)。城外公路旁有一条清澈的小河，河上横亘着一座断桥。断桥修建于12世纪后期，桥上还有一座年代更早的桥梁和罗曼式教堂的遗迹。城内的街道狭窄曲折，走在城中，好像每条蜿蜒的小街都能通向高处的教皇城堡 (图2-5～6)。1305年6月，波尔多大主教 (当时属英国，今为法国) 贝特朗·德戴戈特被选为教皇，称克莱蒙特五世。克莱蒙特的加冕未按惯例在意大利举行而改在了法国的里昂，其教廷的驻跸地也未选在罗马而建在了法国普罗旺斯地区的阿维农。阿维农城原属法国安茹家族 (安茹家族是法国的皇族。之前的安茹公爵查理是法王路易九世的兄弟，后被教皇封为西西里王) 的地产，后来在作为教廷的宗座驻地后，又卖给了教皇。至此，教廷在阿维农驻留了约70年，其间只在教皇乌尔班五世时曾短期回过罗马。在教廷驻跸阿维农期间，教皇和红衣主教大多为法国人所担任 (这与教廷在罗马时教皇多由意大利人担任有很大的不同)。因此，法王对教廷政策的影响也就可见一斑了。阿维农城 (在教皇驻跸前) 从1177年始，就陆续建起了桥梁、医院等。至1226年以后，又大规模地修复了之前被破坏的大量建筑物和

图2-4　阿维农城墙及断桥

图2-5　阿维农城堡

图2-6 阿维农城堡内角楼

各种设施。继克莱蒙特五世后，阿维农先后经历了简十二世、贝诺特七世、克莱蒙特六世、英诺森六世、乌尔班五世和乔治六世等教皇的统治，终于在乔治六世时回到了罗马。

阿维农城的教皇城堡是一座哥特式的城堡，其布局形式从东向西依次是，带有钟楼的立面和后部的第一进院落，由贝诺特七世教堂 (钟塔和凯旋塔分别竖立在教堂两边) 、住宅群和议事大厅 (该大厅外墙亦有图书馆塔楼和礼拜塔东西分立) 等围合而成的封闭式第二进院落；其后的第三进院落是由议事厅、大教堂、厨事厅和集会厅以及数座围绕着院落的塔等围合起来的建筑群 (图2-7) 。整个城堡就像代达罗斯为米诺斯王建造的迷宫那样，各层之间的房屋高低错落、回环相通。房间内多以木板或砖石铺地，内部装饰朴素，不事奢华，且大部分房间的

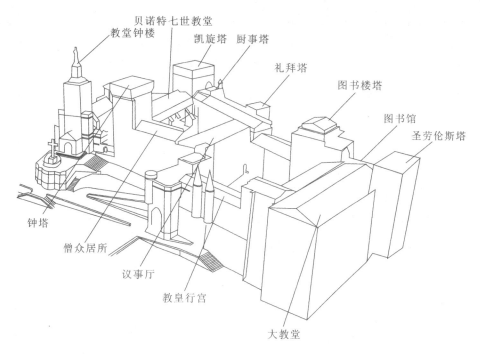

贝诺特七世教堂

教堂钟楼　　　凯旋塔　厨事塔

礼拜塔

图书楼塔

图书馆

圣劳伦斯塔

钟塔

僧众居所

议事厅

教皇行宫

大教堂

图2-7　阿维农城堡建筑概略

采光都不很充足。现在城堡中的一些房间已被辟为博物馆，
展出当时留存下来的各类文物。博物馆中有一个城堡群的建筑
模型，给我留下了很深的印象。模型旁边的面板上有标明一个
个房间名称的按钮，按下相关的按钮，则对应的那个房间的灯
就会亮起来，具有非常直观的效果。令人难忘的还有那座展出
着各届教皇的石棺和丝绸画像的陈列室。教皇们的石棺上均雕
有教皇的卧姿像，雕刻极为写实，有一种摄人的气魄。相比而
言，教皇们的画像则多了一些人气。不知是经过了美化还是确
实如此，画中的教皇们各个英俊潇洒，气度不凡。遗憾的是城
堡内禁止照相，所以未能将这些标准相拍下来。

教皇回到罗马后，阿维农也并没有沉寂下来。1413年，老城堡的东翼被大火烧毁。19世纪末至20世纪初，阿维农的城堡甚至变成了一个大兵营。直至1910年以后，残存的阿维农城堡才不断地被陆续修复。如在1921年，修复完成了建于克莱蒙特六世时期的城堡部分（俗称"新宫"）。1983年，修复完成了建于贝诺特七世时期的城堡部分（俗称"老宫"）。1997年，修复了圣劳伦斯塔等。

永恒的历史——罗马

罗马人永远生活在历史中。走在罗马街头，触目所见的到处都是凝固的历史——那些古罗马时期的断柱残壁，中世纪时期简朴的建筑，具有文艺复兴时期典型特点的贵族庄园，以及其后巴洛克、洛可可和新古典的各式喷泉、广场和纪念碑。地中海明媚的阳光永恒地照耀着这片从古罗马时期以来就极为辉煌的土地，从海面上吹来的微风在如盖的地中海松和橄榄林中欢唱。罗马，这个神庙、喷泉和广场之城，会告诉我们什么呢？

罗马对西方文明的贡献，主要应归结为下述几类。首先是拉丁文文字，这种文字在西方文化上处于支配地位长达千年之久；其次是法律，罗马法奠定了西方世界法律的重要基础；第三是罗马人的管理艺术；最后，罗马的建筑和艺术数千年来一直是西方艺术与建筑的源泉与楷模之一。因此，对罗马这个西方文明重要的传承与发展之区进行较为全面的认识与探究，对于深入了解其城市与建筑的发展过程及规律是十分必要的。

1. 罗马城的历史与发展

> 时代已在酝酿，时序即将更新，
> 童贞的正义女神将重回人间，
> 太平盛世又将重现，新时代的头生儿，
> 已经从天而降，
> 即将光临地上。

天才的古罗马诗人维吉尔在他的不朽诗篇《牧歌》中，对即将到来的渥大维时代这样歌颂道。的确，罗马人是极受上天眷顾的为数不多的民族之一。在长达千年的发展过程中，他们创造了一个神话、一种不灭的辉煌。这种辉煌永恒地照耀着西方的文明之路，并给世界文明发展这一宏大的乐曲谱写了一首跌宕起伏、美妙动听的华彩乐章。

有关罗马起源和发展的历史，维吉尔在他的12卷长篇史诗《埃涅阿斯》中进行了详细的论述。《埃涅阿斯》记录了从

特洛伊被攻陷后特洛伊王子埃涅阿斯率部众逃出，在北非登陆。先后到达了迦太基、西西里、拉丁姆平原，最后来到台伯河畔的罗马的一系列历史过程，这个过程也是罗马创建的大致过程。这段历史的部分也先后在古希腊伟大的历史学家普鲁塔克的《罗姆鲁斯传》、波里比阿的《通史》，古罗马历史学家阿庇安的《罗马史》，英国历史学家吉本的《罗马帝国衰亡史》和德国历史学家、文学家特奥多尔·蒙森的《罗马史》中都有记述。

根据有关的历史记载（这些记载中有相当一部分掺杂了传说的成分），可大致排出埃涅阿斯之后的各王世系。

埃涅阿斯和拉文尼亚结婚后，定居于拉丁姆平原——其子阿斯卡尼阿斯来到阿尔巴地区，历经10代后到了其后代普罗卡斯，上述各代都姓西尔维亚斯。接下来就到了有关罗马城的创建部分。普罗卡斯生子努米托和阿穆略，阿穆略为了争得王位，杀死了努米托的儿子。为了防止努米托家族诞生男丁，又将努米托的女儿西尔维亚送到灶神维斯塔神庙中做了维斯塔贞女。但西尔维亚并未做成贞女，而是与战神马尔斯生下了两个儿子——罗姆鲁斯和瑞姆斯。兄弟俩历尽艰辛，由母狼哺育长大（母狼喂哺），哥哥罗姆鲁斯终于创建了罗马城。

尽管上述记载中传说的成分远远大于真实的历史，但我们还是可以据此推断出这段传说时代中的某些真实的特征。其一，从阿斯卡尼阿斯直至普罗卡斯，都有其共同的姓氏西尔维亚斯。但从普罗卡斯之后到罗马城的创建者罗姆鲁斯，其姓氏便发生了变化。由此可看出，这一时期该家族很可能经历了从普罗卡斯之前的父系氏族社会(有共同的姓氏)到其后的母系氏族社会的变化过程(只知其母不知其父)。其二，罗马城的创建者是外来民族而不是土著。根据传说中埃涅阿斯来自于特洛伊城可推知，这支外来民族很可能是来自于东方小亚细亚的伊特拉斯坎人或更远的地方。这方面的又一例证是他们所崇拜的图腾——狼，与中亚蒙古民族完全相同，这是否说明了二者有着共同的渊源?此外，伊特拉斯坎人盛行厚葬风俗，显贵们多为自己营建有地下的华丽墓室以备身后之用，这与原来罗马拉丁人火葬的习俗也完全不同。

公元前8世纪到公元前6世纪是罗马的王政时期，据记载先后有七位王成为了罗马城的统治者。

（1）罗马人的民族构成

罗马建城于公元前753年[①]，其人种的成分也并非是单一的。定居于罗马地区最早的土著人(新石器时代)可能是来自

---

① 也有的历史学家赞成把公元前814年作为罗马的建城年代，以与罗马的对手迦太基的起源相一致。此外还有人倾向于公元前751年等。目前公认的公元前753年的时间是公元前一世纪的作家瓦罗提出的，但这个年代的可信度与其他各论一样没有确切的事实作根据。

图3-1 劫掠萨宾妇女

于非洲的一支被称为"利古里亚"的部落。然后，大约在公元前1600年左右，来自欧洲多瑙河下游、喀尔巴阡山以及黑海北岸一带的操印欧语系的一支祖先来到了此地 。从公元前1000年始，来自小亚细亚或更远地区的非印欧语系的一个民族伊特拉斯坎人先来到了今意大利的托斯卡那地区，进而又在罗马周围建立了定居地。此后，约在公元前9世纪到公元前8世纪，陆续又有一些操印欧语系的民族来到了罗马。因此，罗马人的民族构成应是利古里亚居民与拉丁人(图 3 - 1)[①] 和伊特拉斯坎人

---

① 包括萨宾人等在内的拉丁民族各部落。有关萨宾人与罗马人民族融合的艺术题材在西方的绘画、雕塑中十分常见，最著者有画家达维德的油画《劫掠萨宾妇女》以及意大利佛罗伦萨大公广场旁的兰齐凉廊中的那座同名雕塑。

之间的多次战争和民族融合而逐渐形成的。多民族不断融合的结果，使得罗马人兼有了欧、亚、非各民族不同的血统，而这一点，可能也是使罗马之所以成为伟大罗马的最重要的前提之一。

（2）罗马人的宗教

罗马人的宗教观是多神教的。罗马人最初 (约在王政时代初期) 所信奉的主神有三位，即天神朱比特、战神马尔斯和奎里努斯神 (萨宾人的部落神)。后来，罗马在希腊文化的巨大影响下，还将罗马诸神与希腊神祇对应并融合了起来。如希腊主神宙斯，就相当于罗马的主神朱庇特；希腊神中的天后赫拉，即是罗马的朱诺神，她是一个主婚姻和生育的女神；希腊的雅典娜女神，罗马人称为密涅瓦，她专司智慧、艺术、发明和武艺；而那位著名的希腊月亮和狩猎女神阿尔特弥斯，便是罗马人的狄安娜。除了上述在国家范围内祭祀的诸神外，罗马人还有用于不同目的和功能以及用于家庭祭祀的各神。主要包括灶神 (又称维斯塔)、撒图尔诺农神、家神以及花木五谷之神等。罗马人由于民族构成的多元化，所以有着兼容并包的胸襟和气度，这在他们对待一切被征服民族的处理方式上，包括对待这些民族的宗教信仰上可以清楚地表现出来。因此，"拿来主义"就成为罗马人惯用的方法。他们在把希腊诸神摇身一变

永恒的城市与建筑

后，就变成了自己的神明。

（3）罗马人的最早法律——十二铜表法

公元前450年，罗马人通过了历史上的第一部成文法。其内容被刻在了12块铜表上并被竖立于罗马广场，史称"十二铜表法"。铜表法的内容包罗的范围十分广泛，计有各种公法、私法、刑法以及从公共安全到个人卫生等各类事务具体细则的法律。此外，十二铜表法中对于涉及公民权利的各方面如遗嘱、契约、婚姻关系和财产继承等也作了较为详细的规定。"十二铜表法"尽管在很多方面都欠成熟，因为它只是把当时已存在的各种习惯法归纳成文，但它毕竟是第一部将国家和公民所要遵循的各项准则和义务以法律的形式规定了下来并将其昭告于世的成文法律，也是向罗马成为古代社会中的法制国家迈出的一大步，其意义是非常重大的。

（4）罗马人的管理艺术

在罗马共和时期，作为国家最高行政长官的是两个执政官，执政官的候选人是由元老院推选的，且都来自元老院。为了避免独裁和集权现象的发生，执政官的任期只有一年。这两个执政官的权力相等，彼此都受另一个否决权的约束，可以互相制约。执政官下面，还有负责国家具体事务的各类官员，如财政官、监察官和法官等(各官均由二人以上且权力相当的人充任)。由于罗马的官员都是无薪的，因此一般只有富有的人才能担当此任 (因为元老院的元老完全是由贵族组成的) 。所以，虽然罗马有着形式上的通过选举产生的民主，但国家的实际控制权还是掌握在只占罗马公民总数约十分之一的贵族阶层手中。此后，作为贵族向平民阶层妥协的产物，具有罗马公民权的平民也可推举代表平民利益的保民官来监督或否决政府的决策方针、政令法规等的实施。

（5）辉煌的罗马 (共和与帝国时代)

罗马共和时期是罗马在军事上大力扩张的时期。这一时期中，罗马先在意大利，其后又在地中海地区逐渐地确立了其霸主的地位。从公元前496年起，罗马人由近及远地先后征服了罗马附近的拉丁联盟的首领城镇拉文尼乌姆，进而征服了亚平宁山区的土著民，包括后来的拉丁移民和萨宾人等。萨宾人亦即古意大利人，属拉丁民族，原来定居于罗马东北部的亚平宁山区。这期间，罗马人与伊特拉斯坎人的战争也在不断地进行。公元前340年到公元前338年，罗马人又派兵进入了意大利最主要的、最富饶的坎帕尼亚平原，发动了著名的"拉丁同盟战争"。在这场战争中，罗马人攻克了一个又一个的拉丁城市，并迫使拉丁同盟瓦解了，最后这一地区成了罗马的一部分。此后，罗马人又挥师南进，先后战胜了意大利半岛南部的诸城邦，统一了除山南高卢外的意大利半岛，从而与迦太基 (今突尼斯便在其境内) 隔西地中海相望。

位于北非的迦太基是一个商业和贸易都极为发达的国家，但与罗马一样，其居民也不是非洲土著，而是来自于腓尼基。迦太基的建城时间比罗马要早得多，人口比罗马也要多3倍左右。传说当初来自腓尼基的移民曾向当地的土著请求以一张牛皮所圈之地安身，终于建起了迦太基城。迦太基人由于从事海上贸易，积累了雄厚的财力，在军事上也日益强大起来。他们先后征服了非洲沿地中海的大部分地区，后又侵入西西里、撒丁岛，并进而入侵西班牙。古罗马的历史学家阿庇安认为，当时迦太基人的军事力量可以和希腊人相匹敌，而在财富上，只仅逊于波斯。公元前263年，罗马与迦太基之间的第一次"布匿战争"爆发了。经过了23年的战争，终以罗马的胜利而告终。12年后，罗马与迦太基之间的第二次"布匿战争"又开启了序幕。尽管迦太基天才的军事首领汉尼拔与罗马抗争了有18年之久，但终于无力回天，战争还是以罗马的最后胜利而告结束。

第二次布匿战争后，结束了伊特拉斯坎人、迦太基人、希腊人和罗马人四强角逐西地中海的时代，罗马称霸地中海的日子到来了。公元前146年，迦太基、马其顿、西班牙和希腊都先后被纳入了罗马的版图，小亚细亚的塞琉古王国的统治也退出了地中海，罗马终成了地中海的霸主。

这一时期中罗马为何会如此强大，可能会有很多种解释。但是对待被征服城邦的开明和宽容的怀柔政策 (这也是罗马民族构成多元化的典型特征)，应该是一个起决定作用的重要原因。其怀柔政策主要有以下两条。

① 给予一些被征服城邦的居民以完全的罗马公民权，并允许他们保留自己的城市组织自治权利；互相承认私权；在外敌压境时，要在军事上互相支援，军队的统帅由双方轮流担任等。罗马在对当时拉丁同盟的城邦国家塔斯库隆的做法就是如此。

② 与各城邦建立同盟关系，包括军事和经济关系，并在保留这些城邦以前的各种权利的前提下，只允许他们和罗马签约而不允许他们之间互相签约。罗马的这种宽容随和、分而治之的统治方法十分奏效，从而使得罗马在统一中部意大利的过程中，取得了很好的效果。

2. 古罗马的英雄皇帝

历史是由人创造的。这一时期前后，对历史的进程产生了较大影响的人物应首推下列几位。

（1）鲁基乌斯·科尔涅利乌斯·苏拉

苏拉是一个"幸运者"，难得的是这种幸运伴随了他的一生。苏拉出生于一个极有权势和财富的贵族之家，他的祖上曾做过执政官。苏拉本人在年轻时虽然不务正业、放荡不羁，但由于意外地得到了几笔飞来的横财而变得十分富有。尽管苏拉的个人品德和道德修养都乏善可陈，但他却有着不可低估的军事才能。从军后的苏拉在战场上屡立奇功，成为了拉丁同盟战争中的大英雄。此后，苏拉又凭借着强大的军事实力在希腊战胜了来自罗马的强大敌人——小亚细亚北部强大的本都国的军队，并与其国王米特拉达特斯六世签订了让其退出占领地区的和约。

公元前83年春，从战场上凯旋的苏拉率领着大队人马，满载着从战争中劫掠而来的大量财物回到了罗马。经过了一番血腥的杀戮和残酷的报复后，苏拉终于肃清了政敌，成为了罗马的终身独裁官(此前罗马独裁官的任期一般为六个月，是为了应付非常时期而特设的)。这时的独裁官苏拉实际上已经成了国王苏拉，他是集罗马的立法、司法、行政、经济等大权于一身的独裁者，而这种独裁的程度自罗马共和制度创立时起，就一直被长期地摒弃和被深深地厌恶。然而，令人意外的是，苏拉竟在他的独裁势头正旺时突然引退，宣布了辞职。这使得很多人，包括以后的一些历史学家都大惑不解，众说纷纭。有说他厌倦了权势，向往田园生活的；有说他修复了共和，功成隐退的；也有的认为他是疾病缠身，无暇他顾的。其中的答案可能永远都是一个谜。但如果有人想要细心探究的话，也许可以在意大利作家乔万尼奥里的名著《斯巴达克斯》里觅得一二。苏拉的一生，正如他给自己写的墓志铭那样，"没有一个朋友曾给我多大好处，也没有一个敌人曾给我多大危害——但我加重回敬了他们"。苏拉不是一个通常意义上的好人，但他却绝对是一个幸运的人。他生荣死哀，寿终正寝。苏拉的死去，可以说标志着一个时代的结束和另一个时代的开始。

（2）克拉苏、庞贝和恺撒

随着苏拉的退隐和斯巴达克奴隶起义以失败而结束，罗马又面临着群龙无首的局面。这时，昔日苏拉麾下的二员大将克拉苏和庞贝，拥兵迫使元老院和公民大会推举了二人为执政官。在庞贝先后只用了三个月的时间一举肃清并消灭了西地中海和爱琴海猖獗的海盗后，又挥师东进，在幼发拉底

河上游击溃了本都国的主力部队，并将本都和叙利亚等地变成了罗马的东方行省，庞贝也因此成为了"伟大的庞贝"。与此同时，在罗马的庞贝的合作伙伴兼政敌（二者的角色可视具体情况而定）克拉苏为了抵消庞贝日益增长的威望和影响，却不惜花费大量的金钱去扶助一个声名狼藉的阴谋家去竞选执政官。

当这个阴谋家终于败露并失败战死后，克拉苏才终于看清了局势——只有与庞贝和当时任大祭司、大法官且声名如日中天的恺撒结盟，才能使罗马的政局在平衡的前提下，保持较长时间的稳定。公元前60年，克拉苏、庞贝和恺撒结成了著名的"三头同盟"。之后，恺撒便成功地当选了公元前59年的执政官。公元前56年，三头同盟在意大利中部托斯卡那地区的卢卡城举行了划分势力范围的"分赃会议"——庞贝与克拉苏出任公元前55年的执政官，卸任后，庞贝出任西班牙总督，克拉苏出任叙利亚总督，均任期五年。而恺撒高卢总督的任期也相应地延长五年。卢卡会议不仅使得三人各得其所，大大缓和了彼此间的矛盾，而且使得罗马的势力范围也进一步扩大并巩固了下来。六年后，任叙利亚总督的克拉苏在入侵帕提亚的战争中身亡，传说其部众的一部分辗转来到了中国并在今甘肃永昌县定居了下来，至今这些罗马军团的后裔们仍是高鼻深目的罗马造型。

克拉苏的阵亡结束了三头同盟的蜜月期，恺撒和庞贝的关系也从盟友变成了政敌。公元前50年，恺撒从高卢率军南进。公元前49年，恺撒越过了山南高卢和意大利本土的分界线卢比孔河，进入了罗马，庞贝仓皇出逃到希腊。公元前48年，恺撒和庞贝两军在希腊的法萨卢斯展开了大决战，庞贝大败逃到埃及后，被当地人所杀。之后有关恺撒(包括其后的安东尼)在埃及的历史可以说是一部久传不衰的传奇，在好莱坞的名片《埃及艳后》中有着非常详尽的演绎 。恺撒与庞贝及其追随者的战争进行了四年之久，终于大获全胜，恺撒也于公元前45年回到了罗马。恺撒此时达到了他权力和荣誉的顶峰，他被推举为终身独裁官(苏拉也曾任此职)、终身保民官、为期十年的执政官和罗马大祭司。然而就在一年以后，恺撒便在元老院开会时被谋杀了。

恺撒的生命结束了，但他生命的痕迹却清晰地留存了下来——多才多艺的恺撒著有《高卢战记》一部，连同他那无与伦比的文治和武功。恺撒是不幸的，与苏拉相比，他的个人品德、文化修养、卓越的才能以及他的宽容和仁慈，都远非苏拉辈所能企及。但他却没有苏拉那样的远见，懂得功成身退。但恺撒也是幸运的，即使经过了两千年时光的磨砺和冲刷，不论

图3-2 恺撒大帝剧照

国籍、不分地区，又有谁不知道恺撒 (图3-2)。如果说苏拉的死去是一个过去时代的结束，那么恺撒生命的逝去是否也意味着另一个时代，即帝国的时代即将来临呢？

（3）"后三头"中的盖乌斯·渥大维

"后三头"指的是大祭司雷比达、继任恺撒的执政官马克·安东尼和渥大维，以与克拉苏、庞贝和恺撒的"前三头"相区别。后三头结成同盟后，先是倾全力剿灭了杀害恺撒的元凶和政敌布鲁图斯等人所组成的10余万人的共和大军，布鲁图斯等人兵败自杀。继而三头划分了各自的势力范围：安东尼负责统治、经营东方行省；渥大维回师国内，并负责对西方行省的管理；雷比达则是非洲行省的首脑。此后，渥大维致力于在西地中海的西西里、撒丁岛和伯罗奔尼撒半岛地区与庞贝的儿子小庞贝的海上争霸战。终于在公元前36年，27岁的渥大维完成了

图3-3　电影《埃及艳后》中克里奥佩特拉的剧照

对罗马西部世界的控制，并顺手剥夺了雷比达的兵权。

　　与此同时，在东方的安东尼 (他的军事和政治才能都极为优秀) 却由于理智成了情感的俘虏而步了昔日恺撒的后尘，拜倒在了埃及女王克里奥佩特拉的石榴裙下(图3-3)。为了博得女王的欢心，安东尼甚至置国家利益于不顾，竟把罗马东方行省的部分地区赠送给女王及其子女，还在遗嘱中要求身后归葬于埃及的亚历山大里亚。安东尼是一个十分合格的情人，却不是一个合格的统治者，这就使得渥大维对埃及的征伐不仅师出有名而且顺乎民意。公元前31年，渥大维与安东尼和女王的联军在希腊西部海岸阿克兴展开了决战。联军大败，安东尼与克里奥佩特拉先后自尽，埃及的托勒密王朝也随之灭亡。埃及最终成为了罗马的一个东方行省。长达14年的内战 (战场多在海外) 结束了，罗马也面临着一个新的转折——从共和走向帝制，尽管这种帝制还掩人耳目地披着共和的外衣。

　　渥大维 (图3-4) 正如后来的历史学家所说的那样，"也许

图3-4 渥大维

是当时罗马可能产生的最好的人物"。渥大维的父亲曾担任过罗马的副执政官,母亲是恺撒的外甥女。恺撒被刺身亡后,18岁的渥大维作为恺撒的养子步入了政坛。公元前29年,凯旋而归的渥大维在罗马受到了罗马人民和元老院极为热烈和感人的欢迎,而最为感人的还是渥大维其后在元老院发表的那篇著名的演说。在演说中,渥大维谈到了进行内战的不得已 (为恺撒报仇和维护共和国的利益) 和他今后的意愿,"我将不再领导你们……请从我手中取回自由共和国,请接受军队和被征服的行省,并且按你们自己的意愿来治理吧。"渥大维真不愧是当时罗马所能产生的最好的人物。面对着具有长期共和、民主传统的罗马公民,他既不像苏拉那样迫不及待地功成隐退,也不像恺撒那样急于大权独揽,而是在为国家立下了汗马功劳后还政于民,这太让罗马公民和元老院感动了。于是,在一片不绝于耳的赞扬声和五体投地的感激声中,元老们代表罗马人民请求渥大维千万不要抛弃他们，不要抛弃依靠他才得以生存的共和国。伟大而仁慈的渥大维应是罗马人民的庇护者，而按照以往的传统，庇护者是不能随便抛弃他的被庇护的人的。元老们大概觉得这样还意犹未尽，四天后，还感激涕零地授予了他象征神圣、伟大之意的"奥古斯都"的尊号，并将8月命名为"奥古斯都"月，以与恺撒的"朱利亚"月（7月）相匹。从此，渥大维便开始了他的与帝王相差无几的集权统治，尽管这种集权统治还披着共和制的外衣。因此，从渥大维成为国家元首的公元前27年始，便进入了罗马的帝国时代。在给帝国奠定了如此雄厚的政治、军事和经济的基础后，渥大维终于走完了他77年的人生历程，源于尘土后又归于了尘土。

帝国时代的最初两个世纪是帝国的建构以及帝国和平发展的时期。此后历时一个世纪左右的混乱期，直至君士坦丁在拜占廷登基并更其名为君士坦丁堡。至公元330年，君士坦丁堡成为了罗马帝国东半部的首府，东罗马帝国随之兴起。

（4）朱利亚·克劳狄王朝诸帝

朱利亚系指恺撒和渥大维的家系，克劳狄则指提比略的家系。提比略是奥古斯都的养子，是利维亚同奥古斯都结婚时带过来的孩子，与其没有血缘关系。从公元前27年到公元68年

近百年的时间里，渥大维家族所属的朱利亚·克劳狄王朝前后共有五位皇帝，即渥大维、提比略、卡利古拉、克劳狄和尼禄。卡利古拉是奥古斯都外孙女的儿子，克劳狄是奥古斯都姐妹的外孙子，而尼禄则娶了克劳狄的女儿渥大维亚（后被尼禄谋杀）。其中，卡利古拉和尼禄不仅荒淫无道、声名狼藉而且都极为残忍和无能。如醉心于娱乐和大肆挥霍的尼禄为了满足他的权力欲和贪婪的聚敛欲，曾不择手段地杀死了他的妻子和母亲。而为了修建自己更为宏大和豪华的宫室，尼禄竟不惜在罗马放火烧掉大部分地区的房屋以给自己腾出地方。大火还使罗马帕拉丁和阿文丁山上不同时代建造的一大批皇帝的宫殿、大量的艺术品、文献和财宝都毁于一旦。其中，包括阿文丁山上的月亮神殿、赫纳里斯神殿与祭坛和朱庇特神庙，帕拉丁山上的维斯塔神殿和奥古斯都修复的古皇宫以及马尔斯广场上的大圆形剧场等（关于罗马大火的起因，也有一些历史学家对此持相反的观点）。公元68年，奥古斯都王朝终以尼禄的自杀画上了句号。

（5）弗拉维王朝（69～96年）和安东尼王朝（96～192年）

弗拉维王朝始于公元69年的维斯巴芗皇帝，维斯巴芗也是尼禄死后诸军事统帅争霸后确立的第四位皇帝。弗拉维王朝共有三位皇帝，即维斯巴芗、提图斯和图米善。其后安东尼王朝的诸帝则有涅尔瓦、图拉真、哈德良、安东尼、奥利略和科德莫斯，两朝共历时123年。安东尼王朝除最后一位皇帝科德莫斯外，由于都不是父子相传而是择贤能者任之，故其才干和素质都颇可圈点。

图拉真和哈德良皇帝是罗马帝国时期最为人称道的英明皇帝。图拉真 (图3–5) 出生于罗马西班牙行省中的一个贵族家庭，其父曾服务于维斯巴芗麾下，并以战功担任过执政官，后出任叙利亚总督。图拉真在父亲的叙利亚军团中由于屡立战功，曾被擢升为军团指挥和被授予了执政官的头衔。后来，他又被涅尔瓦皇帝收为养子并被立为涅尔瓦的继承人。图拉真即位后，对外大力扩张的结果，使得罗马帝国的版图达到了最大——西部到达了多瑙河畔的罗马尼亚；东部曾一度到达了底格里斯河流域，并占领了安息国的首府泰西封。在对内事务上，图拉真也十分注重轻徭薄赋、怜贫恤孤、任用贤能和保持国内的和平。此外，图拉真在罗马和各行省还广为修建了道路、桥梁、输水道等各种公共设施和致力于城市建设。凡此种种，都使罗马帝国的影响力大为增强。即位的哈德良皇帝曾是图拉真的养子。哈德良在图拉真所奠定的强盛帝国的基础上，不仅使帝国的艺术和文化事业达到了空前的繁荣和辉煌，大大促进了希腊文化和罗马文化的融合，还大力发展了国家经济，

图3-5 图拉真皇帝

减轻赋税，扩建公共工程和进行城市建设。哈德良时期是如此的繁荣和理想，以至于后世的历史学家都认为这一时代是"历史上最能令人感到欢畅之时"而愿意生活其中。在他们的统治下，罗马帝国经济繁荣强盛，国力如日中天，一片歌舞升平的和平景象。但是，由渥大维开创的历时200余年的和平期不幸到了科德莫斯时便结束了（180年）。其后，罗马又进入了一个长达百年的混乱时期。

（6）帝国最后的绝响——戴克里先皇帝

从180年到282年，罗马经历了前所未有的战乱和动荡。军队的权力无限膨胀，近卫军和行省部队忙于频繁地拥立和废黜各自的傀儡皇帝。据统计，仅从218年到268年的50年中，在帝国各地就先后出现了大约50个皇帝，这些皇帝均是军人出身，其下场不是战死沙场便是遇刺殒命。在位的时间最短者只有数天，最长的也不过数年。他们中的一些甚至同时分别统治着这个混乱帝国的不同部分。后来，帝国在经历了长期的动乱和战争后，终于在奥雷里安皇帝的不懈努力下归于了统一。统一后的帝国急需一位继往开来式的人物，而这一使命，便自然地落在了戴克里先的身上。戴克里先即位后，在军事组织、行政管理等方面都进行了行之有效的改革，大大地加强了帝国的防御体系，这些措施在维护罗马帝国的统一方面起到了很大的作用。305年，戴克里先皇帝在他统治了帝国20年后退位，罗马的文明时代也随着戴克里先的退出政治舞台而结束了。306年，君士坦丁登基，东罗马帝国兴起。而西罗马帝国在又苟延残喘了100余年后，终于于476年灭亡。

3. 古罗马时期建筑的分布

尽管罗马城几乎有近3000年的历史，它从当初帕拉丁山丘上的一个小农庄最终成为罗马帝国的中心和其后世界

天主教的圣地，但它的得名仍是一个谜。它是来自"斯特罗马"，即"河城"之意，还是来自它的创建者罗姆鲁斯的名字? 抑或是来自拉丁语的"乳房 (Ruma)"一词，以纪念台伯河边母狼的哺育之功? 但无论如何，这一切与罗马城本身的重要性和对西方文明的重大影响比起来，已经是微不足道的了。

"不到罗马，不知道什么是历史。"之所以这样说，实在是因为罗马本身就是一个凝固历史的博物馆。罗马老城区那些大大小小的喷泉、神庙、广场、浴场、市场等以及遍布城市的各类古迹，无一不携带着大量丰富的历史与文化的信息。因此，给它冠以"西方文明历史的博物馆"之称，应是当之无愧的。

抛开罗马对西方世界的语言文字、法律和管理思想的重大影响不论，单是罗马的建筑与艺术对世界文明的巨大影响，就令人叹为观止了。这当然要归功于那些热衷于建筑与艺术、热衷于彪炳功勋的历届罗马皇帝了。奥古斯都皇帝、哈德良皇帝、图拉真皇帝甚至声名狼藉的尼禄和卡利古拉皇帝，都极为醉心于城市建筑。他们使罗马成为了今天的罗马，使罗马成为了一个全世界都记得的地方。

罗马分为新老两部分城区，罗马的老城区是指奥雷里安城墙范围内的地区，面积约为1400公顷左右，从古罗马共和时期直至19世纪的各类建筑物均分布在此范围内(图3－6)。罗马

图3-6 罗马城区概览

永恒的城市与建筑

在历史上曾有过两次较为重要的修建城墙的工程。一次是在公元前378年，称塞维城墙。塞维城墙的建立，是因为此前的罗马人惨败于山南高卢人而使高卢军队攻进了罗马，在对罗马城大肆劫掠并最终对城市的建筑付之一炬后，勒索了大量的银两后才撤兵。有感于罗马军事防卫壁垒的脆弱和陈旧，罗马人重新建起了一堵环绕罗马的塞维城墙。塞维城墙据说是在当时罗马人的首领塞维乌斯·塔利乌斯当政时期所建，这一遗址的年代约在公元前500年之后。城墙共有11公里长，全部是由凝灰岩砌成的，厚3米，高7米，所围绕的面积超过了400万平方米。现在所称的塞维城墙，顾名思义应建于公元前500年前后当时罗马人的首领塞维乌斯·塔利乌斯当政时期，但实际上该城墙的建筑年代却比这个时间晚了100多年。其原因是因为现在这段被称为塞维城墙的基址是建在原来真正的塞维城墙上面，故以后便沿用了塞维城墙这一称呼，而城墙本身并不是建于塞维乌斯时期。另一次是在罗马帝国后期（3世纪后半叶）的奥雷里安皇帝时，称奥雷里安城墙。奥雷里安城墙总长20公里，高约6米，共有18座门和381座红砖碉楼。他把当时罗马城的全部地区都围在了墙内。城区内分布着号称"罗马七丘"的七座小山，它们分别位于城的四周及城中心的南部。台伯河从南向北蜿蜒流过市区。台伯河以西，便是世界天主教的圣地梵

图3-7　梵蒂冈圣彼得大教堂

蒂冈的所在地 (图3-7)。

　　罗马城的古建筑数量众多，各个历史时期都有丰富的遗存。从古罗马时期、中世纪时期、文艺复兴时期直至巴洛克、新古典时期的各类典型建筑都在罗马找到了他们展示的舞台。各个历史时期的建筑在老城区内的分布大体有着如下的规律。

　　这些遗址大部位于城中心南部由帕拉丁、卡彼托林和埃斯奎利诺三个山丘所围成的区域以及其南部毗邻的卡拉卡拉浴场区，这一地区大体呈一不规则的长方形。在这一古罗马的建筑遗址群中，分布着由埃米利乌斯殿堂、元老院、公共浴场、朱利亚殿堂、维斯塔女神庙、安东尼与法乌斯蒂纳神庙等20

余处古迹组成的古罗马共和广场区 (又称罗马广场区，图3-8)。此外，在罗马广场东南角，还有一座提图斯凯旋门 (为纪念提图斯皇帝平定耶路撒冷而建)。罗马广场设立的时间较其他广场为早，约在罗马共和初期便陆续地建造了神庙、市场和殿堂等。

当时罗马广场的大体布局形式为：广场东部是维斯塔女神庙及女祭司宅邸，西北部是元老院会议厅和马森齐奥殿堂，西南部有撒图尔诺农神庙。在广场的南北两边，则分别是辛普隆尼亚会堂和埃米利乌斯会堂以及安东尼和法乌斯蒂娜神庙等。后来到恺撒和奥古斯都时期，又对罗马广场中以木石等材料为主的建筑物进行了改建 (改建成大理石的豪华建筑) 或重修。还新建了全用大理石为材料的朱利亚会堂，以及朱利亚神庙。其中，埃米利乌斯殿堂可说是现存遗迹中年代最早的，它约建于公元前179年，但在中世纪时遭到了很大的破坏，现仅存考古发掘出的殿堂中的大理石雕刻装饰。

元老院是当时古罗马的最高政治中心，共和广场区元老院的始建年代已不可考，其间曾经过公元前52年和公元前29年的两次重修和改建。现在看到的元老院是公元303年戴克里先皇帝时修建的 (图3-9)。长方形的入口和其上的窗户以及整个建筑物的土黄色调，使他的外形就像一座有着朴素的双坡屋顶的二层农舍。

朱利亚殿堂现在仅存位于台阶上的殿堂正立面的几根石柱和其上的楣梁以及原来围绕着大殿的两根石柱，其余均遭毁坏。维斯塔女神(灶神)庙原为有着一座方形庭院和圆形多层楼房的重要建筑，里面曾保存着象征国家的永不熄灭的圣火。现仅存以残缺的女像柱为特征的贞女住宅遗迹，它与其附近的萨图尔诺农神庙的一排带有楣梁和爱奥尼亚式柱头的希腊式的神庙残部交相辉映(图3－8)。

安东尼与法乌斯蒂纳神庙建于公元前141年，是当时的罗马帝国皇帝安东尼与其妻子的共同神庙。该神庙建在一座高台上，庙的正立面下部布设了一排有着科林斯式柱头的白色大理石圆柱。神庙的二层双坡屋顶前的立面上，带有立柱和三角楣饰的入口与其上的曲面形饰使整体建筑充满了韵律与和谐。该神庙是罗马广场内保存得最为完好的建筑，其原因是因为他后来被改成了教堂而一直在使用着(图3–10)。

马森齐奥殿堂是由数个有着高度不同的半圆形大殿组成的，它建于公元4世纪初，但殿堂的完成却在君士坦丁大帝时。直到今天，殿堂有时还被用作举办音乐会的场所(图3－11)。马森齐奥的父亲马克西米利安曾是与戴克里先同掌国政的罗马皇帝之一，马森齐奥是君士坦丁的姻兄加对手(君士坦丁的妻子是马森齐奥的姐妹)，二人争夺皇位的斗争十分激

图3-8 罗马广场一瞥

烈。公元312年，君士坦丁和马森齐奥展开了最后的决战。君
士坦丁率领4万人的军队一路奏捷，先后拿下了都灵、米兰和
维罗纳，马森齐奥最后在罗马的米尔维桥上迎战君士坦丁。溃
败后的马森齐奥军队有数千人溺毙于台伯河中，君士坦丁赢得
了最后的胜利，顺利地进入了罗马城。罗马城内的君士坦丁凯
旋门即为此而建。此外，君士坦丁还是将基督教带到罗马的第
一人，他曾选用自己的官员担任教皇，此举标志着罗马当局长
期以来对基督教徒迫害的终结和基督教合法地位的确立。君士
坦丁还将拜占廷改为"君士坦丁堡"（今土耳其首都伊斯坦布
尔），又称"新罗马"，以彰显其伟大的功绩。

图3-9 元老院

图3-10 安东尼与法乌斯蒂纳神庙

图3-11 马森齐奥殿堂

虽然戴克里先和君士坦丁的长期驻跸之地都不在罗马，如戴克里先长期居于尼克美迪亚 (今伊兹米特)，而君士坦丁则将今德国的特里尔作为他的根据地。但依照传统，他们还是先后在罗马建造了颇具象征意义的各类建筑物。如戴克里先恢复了被火焚毁的元老院、会场和罗马广场的朱利亚教堂，还建造了戴克里先浴场，今天的国家图书馆和圣玛利亚天使教堂就位于这座浴场的范围内。君士坦丁则完成了罗马广场中的马森齐奥大教堂 (不是上述的马森奇奥殿堂) 的建造。该教堂包括一个中央本堂和两条侧廊，本堂的屋顶是由交叉的圆顶和八根巨石柱支撑的，位于圣玛利亚广场中，今仍存一侧廊的残部和一石柱。此外，君士坦丁在罗马还建造了两座重要的主教堂——拉特朗的圣约翰大教堂和梵蒂冈的圣彼得大教堂[①]。其中，拉特朗圣约翰大教堂的附属教堂 (圣乔瓦尼教堂) 旁的八角形洗礼堂，还成为了后来罗马式洗礼堂的典型范式。

提图斯凯旋门约完成于81～90年，拱门的形制是简单的单

---

① 即旧圣彼得大教堂。该教堂建于公元315年和319年间，至公元329年左右完工。教堂长120米，有中央本堂和两边侧廊。前庭有围墙隔起，西侧还有一道回廊和一条袖廊。教堂的拱门上有金字题献，在袖廊交叉处，是圣彼得的圣墓。据记载，君士坦丁在墓上放了一个纯金的大十字架。教堂即建在圣彼得的墓上。今圣彼得大教堂则建于文艺复兴时期。

拱，上覆楣梁，拱两旁以圆柱支撑。门道内的两边墙上塑有表现提图斯战胜耶路撒冷后胜利凯旋的深浮雕 (图3-12)。提图斯皇帝远征耶路撒冷是在70年，据称当时耶路撒冷圣殿的大批宝藏都被劫掠到了罗马。在罗马广场附近，便是那座蜚声世界的斗兽场 (图3-13) 了。斗兽场可说是罗马最重要的标志性建筑物，它建于72～80年。这个长轴188米，短轴156米，高48.5米，能容纳5万多名观众的椭圆形建筑，曾一度是经常上演人与人、人与兽血腥搏斗的战场。这种圆形或椭圆形竞技场的形式，无论是在内部的布局或外立面的装饰上，都大量地借鉴了古希腊同类建筑的手法并在此基础上实现了具有罗马风格与特色的创新。这也是今天在此类建筑的设计中，建筑师们灵感与创作的不竭源泉。斗兽场建于尼禄皇帝在罗马大火后为自己修建的"金屋皇宫"的部分遗址上 (后经发掘出的提图斯和图拉真时代的浴场亦是建在这一遗址上的)。"金屋皇宫"历经近2000年的破坏 (最严重的破坏是继尼禄之后的维斯巴芗皇帝，他几乎将这一宫殿群和附属的园林大部毁损)，现存遗迹的主要部分仍有背山面水而建的一列廊庑式的厅堂。其中，每一间的形状、结构及内部布局都不尽相同。"金屋皇宫"位于帕拉丁山上，其花园在山的东坡一直向下延伸。帕拉丁东部山谷的沼泽地上还开凿有一个人工湖，湖边有芦苇、水禽及几组农家

图3-12 罗马提图斯凯旋门和罗马广场石柱遗迹

建筑。周围则有麦田、葡萄园、草地和牧场，再远处则有着大片的森林。有关尼禄的"金屋皇宫"，塔西陀在其《编年史》中记载说，其出奇之处"在于野趣湖光，林木幽邃，间或旷境别开，风物明朗"。而其内部的布局，在当时人所撰的《尼禄传》中则论述为"门廊前竖立了一座高达120尺的尼禄巨像，他的廊庑长达数里，它有像海一样宽的池塘，池边亭台楼房之多有如城市"。在房屋内部，则是"所有宫内厅堂皆镶以黄金、宝石与珍珠。宴会厅是圆屋顶，装配着可撒出鲜花香水的

图3-13　罗马斗兽场

图3-14　君士坦丁凯旋门

永恒的城市与建筑

管道。它的天花板可以旋转着把花撒下来，也可自动开合"。居室的墙壁饰以大幅的壁画，还有大量的从希腊和各行省运来的雕像和各类艺术品。

这个昔日金碧辉煌的皇宫，虽大多早已淹没在衰草残阳中，但从留存下来的一鳞半爪的遗迹里，仍可见其往昔的辉煌。在斗兽场附近，便是那座保存完好的君士坦丁凯旋门了。凯旋门建于315年，是为庆祝君士坦丁大帝战胜马森齐奥而建的。凯旋门本身不仅是彰显君士坦丁大帝伟大功绩的纪念碑，更是荟萃此前各类建筑的表现形式如楣饰、浮雕和雕像的博物馆 (图3 – 14)。其中有图拉真时期的楣饰以及哈德良时期的浮雕装饰等。

在这一广场区的北部，沿帝国大道附近直至万神庙，则分布着图拉真广场、恺撒广场、奥古斯都广场、涅尔瓦广场、密涅瓦女神庙和维斯巴芗市场等一系列由广场、市场和神庙等遗迹组成的罗马帝国广场区。图拉真广场是广场区内一系列帝王广场中最后也是最大的一个，广场中竖立着那座著名的图拉真纪念柱。图拉真纪念柱柱高38.7米，分为柱基、柱身和柱顶三部分。柱子中空，内置螺旋楼梯可直达柱顶。柱顶置有一座图拉真的雕像。柱子表面以一条总长200米，刻画的人物达2500余个的巨长螺旋形的浮雕带表现了图拉真皇帝远征达西亚的武

功 (图3－15)。图拉真广场内原建有一条长300米、宽185米的胜利大街。大街两旁，分别建有乌尔比亚殿堂、图书馆以及那座罗马最古老的商业中心——有着半圆形屋顶的、遍布着商店的双层建筑。现在，除了那座图拉真石柱还保存得较为完整外，其余的建筑仅余有一些断柱、台基和部分拱门的遗迹。

恺撒广场约建于公元前46年，广场平面为以柱廊环绕的长方形。从现存的遗址情况来看，该广场的建筑布局形式大概为：从东向西，分别是——竖立于高台阶上的广场神庙，两排带有科林斯式柱头的长长柱廊，最后是有着罗马拱和长方形隔间的数层建筑，可能为当时的商店。在广场的北边，还建有维纳斯女神庙。此外，在这一广场区内，还分布着另外一些市场、神庙和博物馆等的残迹。

奥古斯都广场位于恺撒广场之旁，广场的修建费时40余年，终在公元前2年得以完成。广场上原建有战神马尔斯的神庙和供奉着罗马历代英雄雕像 (从埃涅阿斯到恺撒) 的两个半圆形的凹廊，白色大理石的柱廊环绕周围。对于当时奥古斯都广场的作用，罗马史家苏韦托尼乌斯曾记载道，奥古斯都"建造了许多公共建筑物，其中尤为出众的有他的广场和战神马尔斯神庙，以及帕拉丁山的阿波罗神庙和卡匹托林山的朱庇特神庙。建造他的广场的主要原因就是由于人口猛增导致案件堆

图3-15 图拉真纪念柱细部

积如山，以前的两个广场 (罗马广场和恺撒广场) 已远不够用，便必须建这第三个广场。正是为了这个缘由，广场很快就为公众事务开放，事实上甚至在战神庙尚未完工之时便已供公众使用"。奥古斯都广场的作用除了审理案件及陪审员的抽签选派外，还用于强大的罗马帝国军队的集结之地。在这里，出巡于各行省的军队和凯旋而归的部队都将此广场作为了他们炫耀武力、振兴国威的最佳场所。奥古斯都广场在罗马帝国灭亡后即已遭严重破坏，至今只余几根残柱在夕阳的余晖和萋萋的荒草中默默地诉说着往昔的辉煌 (图3-16)。

　　总之，在罗马城中心区的台伯河东岸，由帕拉丁、卡彼托林和埃斯奎利诺三个山丘之间的地带所围合成的古罗马共和市场区和帝国市场区以及其向南的延伸地带卡拉卡拉浴场区所组成的狭长区域内，分布着绝大多数古罗马时期的各类遗存如神庙、市场、凯旋门、浴场、商业中心以及斗兽场等，它们共同组成了古罗马这一建筑交响乐的盛大而华彩的不朽乐章。而在这个狭长形区域的两端，便是著名的万神庙和卡拉卡拉浴场。今存的万神庙是120年左右哈德良皇帝在位时重建的 (万神庙始建于27年) 。万神庙原是奥古斯都皇帝的女婿兼密友马克·阿古里巴为纪念奥古斯都而建造的，有着当时长方形的殿堂和门廊的一座普通形制的神庙 (这类形制被称为"巴西利卡"，意

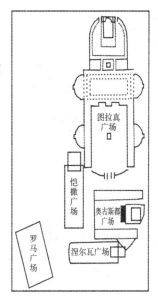

图3-16 罗马共和广场和帝国广场平面图

为长方形会堂)。其后庙毁，仅门廊留存。后来哈德良在重建时虽保留了门廊，但建筑的形式却与之前完全不同，变成了一座有着圆形穹顶的神殿，它也是至今保存最为完好、最复杂的古罗马建筑。它那带有台基、希腊式柱头的圆柱以及中楣和其上的三角形山墙的立面与它的具有巨大圆穹的大殿使他将希腊和罗马的两种典型的建筑形式和谐地结合在了一起。同时，万神庙也是一座不朽的纪念碑，文艺复兴时期的艺术大师拉斐尔的墓就建在此。此外，万神庙的圆穹式建筑也成为了其后各时代艺术大师与建筑师们一系列创作的源泉——从文艺复兴时期的布鲁内莱斯基、伯拉孟特、米开朗琪罗到近现代的许多同类建筑，都取材和借鉴了万神庙的灵感 (图3-17)。

卡拉卡拉浴场是古罗马最为著名的浴场之一，它和其后兴建的戴克里先浴场都是规模宏大、设施完备的大型浴场。卡拉卡拉浴场能同时容纳1500人 (戴克里先能容3000人左右)，它是

图3-17 万神庙外景

当时古罗马繁荣的经济和社会生活的重要见证 (图3 - 18) 。在这一区域中，还有一些虽建于古罗马时期，但几经破坏而后在其原来的建筑物上又不断翻新、加建和改造而成的建筑。如建在埃斯奎利诺山丘上的圣母大殿，它建于公元5世纪。后来又在大殿各部加建了凉廊，在拱门上镶嵌了巨幅的马赛克壁画等。

在这一狭长形的地区之外，古罗马时期的遗址也时有所见。如位于罗马城西部连接台伯河两岸的建于公元前62年的法普里齐奥桥，稍后的建于公元4世纪的切斯蒂奥桥和米尔维奥桥，完工于130年的作为哈德良皇帝陵墓的圣天使堡 (图3-19)。据《达·芬奇密码》的作者丹·布朗所言，在该城堡

图3-18 卡拉卡拉浴场

内还有一条密道通往梵蒂冈，该通道是为了教皇避难和应付不
时之需而建的。此外还有台伯河西岸的建于340年左右的圣玛
利亚教堂以及位于罗马城东部的玛乔里门，城东南部的圣克莱
门特教堂以及建于公元4世纪的克斯梅丁圣母教堂和位于城南
部的圣保罗教堂等，但大多呈不规则的点状分布。其中，圣玛
利亚教堂是罗马最古老的教堂之一。它自340年建成之后，先
后经过了数次改建和维修，直至19世纪。教堂正立面入口处的
拱廊带有明显的古罗马建筑风格，而其上的建筑及教堂的钟楼
则为哥特式和文艺复兴风格的融合之作。克斯梅丁教堂的正立
面是一个有着小拱廊入口、多重坡屋顶和罗马式钟塔的古色古
香的建筑。而圣保罗教堂虽在公元4世纪时便告竣，但现在的

图3-19 圣天使堡

建筑却是在1823年的大火后重建的，只是保留了原来的罗马式
风格。

4. 古罗马时期主要的建筑形式和城市布局

古罗马时期的建筑形式从残存下来的各类遗迹中可看出主
要有以下几种，由于时代所限，均为希腊和罗马风格。

关于希腊柱式。在古罗马时期，在建筑形式上曾大量地借
鉴、吸收和采用了希腊的柱式结构。如罗马广场中的朱利亚殿

堂、撒图尔诺农神庙、蒂奥斯库雷神庙以及恺撒广场中的柱廊等，都广泛地采用了希腊柱式的形式。这些柱式的结构从下至上大多为台基、柱础、柱子、爱奥尼亚或科林斯式的柱头以及其上的楣梁等。即使是斗兽场这样典型的罗马式的著名建筑，其外立面也采用了三种希腊柱式作为其层状划分的基础 (建筑物立面的底层为陶立安式柱、上部为爱奥尼亚式柱，科林斯式柱半露于顶部) 。

　　罗马拱的大量运用。古罗马时期由于水泥、灰泥和混凝土等新的建筑材料的广泛使用，使得这一时期的建筑在形式上对穹拱结构的开拓和创新达到了空前的程度。无处不在的罗马拱在凯旋门、竞技场、各种殿堂、桥梁、输水道和浴场等各种不同功能的建筑中都大显身手，以致"罗马拱"的含义不仅仅是代表着一种建筑形式，还有着时间上的确定性。有关拱形结构的优越性，在其后文艺复兴时期的大师达·芬奇的一份手稿中 (今存巴黎) ，对此有着一个非常生动、形象的描述。"井里有个秤，一个人站在秤上，他伸出手和脚抵着井壁，你会发现秤上显示的体重要比原来低不少。如果在他的肩膀上附加重物，你会发现加的东西越重，他的手臂和脚对井壁的压力就越大，秤上的读数就越小。"这个实验揭示出，拱形结构能横向分配负重，而不是将力全都落在支撑的柱体上。

形成这种现象的原因，首先是因为罗马对此前强盛的希腊亚历山大帝国领土的逐步征服和占领使得罗马人在取得了一系列军事上的胜利的同时，在思想上也深受希腊文明的影响。罗马人从希腊人那里不仅学会了过文明的生活，而且希腊人的思想理念和价值观也大量地被罗马人所接受和仿效。希腊人文明、精致的生活对罗马农业社会中朴实、节俭风气的颠覆和冲击，随着罗马人四处侵略的不断扩大和在战争中掠夺财富的迅速增加而日渐显著。此时，罗马的经济发达了，开始出现了一些由国家修建的壮丽的庙宇、剧场、浴场、竞技场、广场等公共设施以及富人为自己建造的豪华且颇具希腊情调和风格的住宅。希腊人可说是罗马人的老师，而罗马文明也是在希腊文明的基础上建立起来的。因此，在城市建设方面，希腊人的建筑形式和风格就成为罗马人学习和模仿的样板及模式。其次，除了尊崇和模仿借鉴希腊外，罗马人本身的创新之处也是非常明显的。由于先进的建筑材料的大量使用，使得罗马人首创的穹拱建筑技术在桥梁、输水道、房屋和教堂、广场等建筑工程上发挥了巨大的作用。从而使得这一时期罗马的建筑形式独树一帜，并在欧洲的建筑史上增添了重要的一页。

　　除了对于建筑物整体风格的把握外（希腊柱式或罗马拱），古罗马人也非常注意对于建筑细部的研究。古罗马时期的建筑

所遵循的原则，我们可从成书于当时仅存下来的一部古典建筑学的理论著作《建筑十书》中清楚地了解到。此书的作者维特鲁威并非当时的名家，只在恺撒和奥古斯都手下担任过一些小型工程的设计与建设。但由于其同时代的相关著作基本无存，此书便成为惟一保存至今的最系统、最完备的西方古典建筑典籍。西方至文艺复兴时期（包括此时期）之前的古典建筑的精髓是古希腊、古罗马时期所倡导的"人本主义"精神的彰显，而在《建筑十书》中，就对这一精髓在建筑上的表现形式有着较为深入、详细的阐述。维特鲁威认为，"神庙的布置由均衡来决定……即与姿态漂亮的人体相似，要有正确分配的肢体。……古代的画家和雕塑家都利用了这些而博得伟大的无限的赞赏。同样，神庙的细部也必须使其各个部分有最适合总体量的计量上的配称。"这种人本主义的建筑原则，在文艺复兴时期和其后的建筑设计中，也成为了许多艺术和建筑大师所反复研究、琢磨并忠实遵循的基本原则。对于比例与和谐严格遵循的一个例证，还可见于达·芬奇所绘的一幅可说是世界上最著名的素描之一《维特鲁威人》中，该素描又称《神奇比例》。

在此素描中，一个男子摆出了两个明显不同的姿势，这两个姿势与画中的两句话相对应："人伸开的手臂的宽度等于他的身高"，"如果你双腿跨开，使你的高度减少1/14，双臂伸出并抬高，直到你中指的指尖与你头部的最高处处于同一水平线上，你会发现你伸展开的四肢的中心就是你的肚脐，双腿之间会形成一个等边三角形"。画中人被包在一个圆里，他的肚脐就是圆心。达·芬奇对该画主旨的阐述是"建筑师维特鲁威在他的建筑论文中声言，他测量人体的方法如下：4指为一掌，4掌为一脚，6掌为一腕尺，4腕尺为一人的身高。4腕尺又为一跨步，24尺为人体的总长。两臂侧伸的长度与身高等同。从发际到下巴的距离为身高的1/10，自下巴至头顶，为身高的1/8。胸上到发际，为身高的1/7。乳头到头顶，为身高的1/4。肩宽的最大跨度是身高的1/4，臂肘到指根是身高的1/5，到腋窝夹角是身高的1/8。手的全长为身高的1/10。下巴到鼻尖，发际到眉线的距离均与耳长相同，都是脸长的1/3"。达·芬奇的这幅著名的素描，对维特鲁威的人体比例研究可说是达到了具象与标准的高峰，从而成为其后建筑学家和艺术家们所遵循的确定不疑的基本原则 (图3-20) 。

至于古罗马时期城市的布局形式，我们可以在尼禄大火后罗马城的重建规划中知其大概。塔西陀在其名著《编年史》中对此记载说："在首都，没有被皇宫 (指尼禄金宫) 占用的地区也重新建设了。(建筑物) 沿着测量好的街道修建，留出宽阔的

图3-20 达·芬奇的素描《维特鲁威人》
(现在是欧元硬币的币面)

道路。建筑物的高度也有限制 (60～70英尺)，留出空地，在公寓的楼前加筑柱廊，以为荫护。"此外，尼禄还采取了将待建的城市空地承包给建筑商的办法，若建筑商在规定的期限内完成工程，政府还会给予奖励。由此可以看出，罗马城在尼禄时期是有着明确的城市规划的。它包括经过规划的宽阔的街道、街道两旁是一定高度的建筑物、公寓式的建筑物前一般要加筑柱廊等。此外，每条街道都留有空间建造花园或广场，每所房屋都各自独立以利于防火；每一建筑物的下层必须用耐火石材修建，上面各层则用砖石砌成的拱门支撑，三层以下不准使用木梁。每所房屋都有自己的廊院，安设了向每家供水的水道，街上增设了众多的喷泉等。但罗马城在帝国时期经过不断的增修、扩建和改建，城市的空地越来越少。至帝国后期，罗马城内已是高楼林立、人满为患，几无可用来规划的余地了。

由上述可知，在古罗马时期，不论在建筑理论的建构、建筑布局和规划思想的完善以及建筑技术和建筑艺术的水平等各方面，都处在了一个高度发展的非常阶段。这一阶段也是其后建筑艺术和技术发展的重要基础和创造灵感的源泉。

古罗马辉煌的城市与建筑在帝国末期遭到了两次较大的破坏。一次是410年，西哥特人的首领阿拉里克率领30万人的哥特人和匈奴人的联军入侵意大利，沿亚德里亚海岸直奔罗马。阿拉里克在内援的接应下进入罗马后，曾下令对罗马抢掠三天。当时罗马城的许多金银珍宝都被劫掠一空，城市的许多建筑物也被焚毁和破坏。罗马的另一次更大的浩劫发生在455年左右，距第一次不足半个世纪。当时汪达尔王国的国王盖塞里克凭借其海上的优势从罗马附近的奥斯蒂里亚港口登陆并攻陷了罗马。盖塞里克在驻军罗马期间，大肆洗劫了罗马城，城内的建筑物也遭到了空前的破坏。至此，昔日繁荣强盛，有着上百万人口的帝国国都罗马，便只剩下一些破败的断壁残垣了。

5. 中世纪和文艺复兴时期及其后建筑的分布

继古罗马之后的中世纪和文艺复兴时期的建筑，在罗马城内主要呈连接城市西部、北部的半圆形而分布于上述狭长带状区域的外圈。在这一地区，从西部至北部，分别有兰特别墅、法尔内塞别墅、威尼斯别墅、那沃纳广场、特莱维喷泉、西班牙广场、圣卡罗教堂、人民广场等重要建筑群及其附属建筑物。其中，那沃纳广场是一组包括了四河喷泉 (多瑙河、恒河、尼罗河和拉普拉塔河)、海神喷泉和黑人喷泉等著名喷泉以及由巴洛克风格的建筑大师波洛米尼和达·桑加洛等人设计的由数个教堂和宫殿组成的建筑群 (图3-21)。

威尼斯别墅可说是罗马文艺复兴时期最早的一座建筑物，他的设计师据说是当时的建筑大师利昂纳·巴蒂斯塔·阿尔伯蒂。该别墅二战时还做过墨索里尼的办公室，在二楼的阳台上 (图3-22)，墨索里尼曾向公众发表了他那篇著名的演说。法尔内塞别墅建于15世纪文艺复兴时期，其设计师先后有达·桑加洛和米开朗琪罗等名家。他的阶层柱式的正立面代表了典型的文艺复兴时期的建筑风格 (法尔内塞家族是罗马著名的世族之一，教皇保罗三世即出自这一家族)。

图3-21 那沃纳广场

永恒的城市与建筑

图3-22 威尼斯别墅

图3-23 特莱维喷泉

图3-24 西班牙广场

恒的城市与建筑

图3-25 人民广场

特莱维喷泉建造于古代贞女引水道的终点。坐在马车上的海神雕塑气势不凡地坐落于喷泉正中，它给喷泉带来了源源不尽的水源 (图3-23)。而西班牙广场 (曾作为"罗马假日"的典型场景之一)，那座形如花瓶状的、连接山丘上的天主教堂和钟楼以及山脚下的破船喷泉的著名广场，使得教堂 (包括钟楼)、喷泉和阶梯式的花瓶广场组成了令人难忘的奇异景观 (图3-24)。人民广场 (图3-25) 位于三条大街的顶端，广场中央竖立的埃及方尖碑和广场边两座对称的圆穹式教堂，是经历了数个世纪的建设才逐渐形成的。而四喷泉圣卡罗教堂则以它那富于动感的波浪形正立面，成为了巴洛克

图3-26 梵蒂冈城图

1. 圣彼得大教堂　　　　8. 机场
2. 圣彼得广场　　　　　9. 花园
3. 西斯廷教堂　　　　　10. 密道
4. 博尔吉亚庭院　　　　11. 贝尔维迪宫廷院
5. 教皇办公室　　　　　12. 中央邮局
6. 梵蒂冈博物馆　　　　13. 教皇谒见厅
7. 瑞士侍卫营　　　　　14. 市政宫

建筑风格的典型代表作。

　　在罗马城奥雷里安城墙之外和台伯河西岸，便是梵蒂冈
(图3-26)。梵蒂冈是世界上最小的国家，国土面积只有0.44平
方公里。梵蒂冈教皇国在中世纪时就已建立，其间除了一个很
短的时期外，它一直是世界天主教的中心和圣地。梵蒂冈的教
皇是从一群红衣主教中甄选出来的，他们绝大多数都是意大利
人，只有现在的教皇 (波兰籍) 和他的前任 (德国籍) 是非意大
利人。甄选教皇是一件颇为棘手的工作，现在的教皇就是150
位红衣主教在经过了数天的逐渐减食后才不得已确定下来的。
教皇的年龄一般也以老迈者居多，因为这样会大大增加众人当
上教皇的几率。

　　甄选教皇的程序为：按照宗教传统，在前任教皇去世15天
后，罗马教廷便会在大教堂旁的西斯廷小教堂里召开秘密会

议，届时世界各地天主教的100多位红衣主教齐聚于此，共同选举新一任的教皇。选举时，按照习俗和保密的需要，教堂内所有的窗户都用黑天鹅绒遮蔽，以确保教堂内外无法交流。此时，教堂内的照明问题均用蜡烛解决。选举开始前，教皇的瑞士卫兵还要把所有的门都贴上封条，将参加选举的红衣主教们全部锁在里面，直至教皇选出为止。根据教皇选举的有关法律，选举期间红衣主教们每天两次在西斯廷教堂举行秘密投票，计票后便将选票立即焚毁。此时，焚烧的烟雾通过特定的管道引出窗外，从而使聚集在广场上的群众知晓投票的情况。若所有的候选人均不够票数，便将选票用湿草加上化学药品烧毁，冒出黑烟。若选出了教皇，则用干草焚烧选票而冒白烟。此后，新教皇宣布秘密会议结束，几天后再行教皇加冕礼。红衣主教年过80后便无选举权，而一般选出的教皇年龄则多在70岁以上。

今天的梵蒂冈国是1929年拉特朗和约的产物。在和约中，明确地确立了梵蒂冈作为教皇国的地位。在梵蒂冈这个只有0.44平方公里的窄小国土内，却有着蜚声世界的奇迹和不凡的特色。它们是教皇的瑞士卫队 (图3-27) 、圣彼得大教堂和广场、西斯廷小教堂以及埃及的方尖碑等。教皇的瑞士卫队成立于16世纪初，由数百位瑞士人组成。教皇原来的卫队并不仅限

图3-27 圣彼得大教堂的瑞士卫队

图3-28 圣彼得大教堂

永恒的城市与建筑

于瑞士人，但在一次宗教动乱中，却只有卫队中的瑞士士兵忠于职守，甚至不惜以生命保卫了教皇的安全。从此后，教皇的卫队便成了清一色的瑞士人了。至今这支瑞士卫队还穿着500年前的、据说是由米开朗琪罗设计的制服，威风凛凛地逡巡在这0.44平方公里的国土内。梵蒂冈的瑞士卫队是从瑞士信奉天主教的州中甄选出来的，候选人一般为19～30岁的未婚男性，身高至少5英尺6英寸 (约为1.7米左右)，并在瑞士军中受过训。其制服为蓝金相错的竖条纹，搭配有马裤和平底鞋。值勤时，手握传统的"梵蒂冈长戟"——长8英尺的长矛，矛头上挂一把锋利的大钐镰——这是当时天主教十字军所普遍使用的武器。

圣彼得大教堂及其广场是由数位文艺复兴和其后的巴洛克建筑大师珠联璧合、共同创造的伟大结晶(图3 - 28～29)。首先是文艺复兴时期的建筑大师伯拉孟特。当这位大师在1514年去世后，便由声名卓著的拉斐尔接手。拉斐尔之后，是著名建筑师安东尼奥·达·桑加洛，最后是米开朗琪罗，圣彼得大教堂那著名的大圆穹便是出自他的设计。米开朗琪罗于1547年初被教皇保罗三世任命为圣彼得大教堂的总建筑师和总监，全权负责教堂的建筑。为此，米开朗琪罗将此项任命作为一项神圣的任务而接受了下来，且拒绝任何形式的报酬，并为此大教堂的

图3-29 圣彼得大教堂广场柱廊

图3-30 埃及方尖碑下的沙漠小景

永恒的城市与建筑

建设花费了17年的时间。其间，不尽的困难、阻碍、中伤和阴谋都未能使米开朗琪罗的建设步伐停顿下来，直至米开朗琪罗于89岁的高龄去世。教堂的整体设计除了在很多方面仍采用了伯拉孟特的方案外 (如平面布局上的希腊十字)，米开朗琪罗还精心设计了中央大厅的半圆形大穹顶，四角并有四个小穹顶衬托。此外，他在大教堂前部还加上了一个长方形的门廊。教堂的大穹顶是米开朗琪罗的杰作，虽然在设计这一穹顶时他曾深受佛罗伦萨圣母百花大教堂的设计与建造者布鲁内莱斯基的启发，据说米开朗琪罗一受命建圣彼得大教堂时就立刻派人测量了百花大教堂穹顶的各项数据。

圣彼得大教堂的面积相当于6个足球场长和2个足球场宽，教堂内可容6万余名朝拜者。教堂内的各类雕像——圣徒、殉道者和天使共约有140座。至于圣彼得大教堂前那个形如张开的手臂状的椭圆形的巨大广场，则是巴洛克艺术大师伯尼尼的杰作。最令人不可思议的是，如果你站在广场喷泉之旁的那块圆形的白色大理石上面，会看到一种意想不到的透视效果——广场上那四排高大的284根圆柱竟变成了一排。在圣彼得大教堂的一侧，便是那座神奇的西斯廷小教堂。它以拉斐尔著名的壁画"西斯廷圣母"和米开朗琪罗的天顶画而闻名于世。西斯廷教堂的天顶为长方形，长40米，宽13米。米开朗琪罗把整个

图3-31 米开朗琪罗的圣母与圣子

天顶在建筑上分成两部分：一是墙壁与屋顶交接的部分，一是拱顶的低平部分。米开朗琪罗将后者分成了九个长方形，描绘了圣经《创世纪》中的九个主要场面。在天顶的四个角落，则描绘了取自《圣经旧约》中的著名故事。米开朗琪罗的天顶画共花费了四年的时间，于1512年完成并对公众开放。此外米开朗琪罗的作品还有绘于西斯廷教堂的大型壁画《末日审判》，他为此花费了6年的时间。广场中央的埃及方尖碑是15世纪时竖立的，碑顶有一块钉死耶稣的十字架的遗骸。目前在碑的周围还造了一个有着沙漠、椰子树等埃及特色的小景观围绕于此(图3-30)。

　　梵蒂冈的神奇之处还不止于此。在圣彼得大教堂内，处处都是耀人眼目的珍异奇宝——稀世的油画和雕塑、珍贵的珠宝、无价的文献等 (据内部统计，梵蒂冈城的总资产可达近500亿美元)。教堂内众所周知的主要珍宝有米开朗琪罗的"圣母与圣子"雕像 (图3–31) 、伯尼尼的青铜华盖和圣保罗宝座以及那个涂满了蜡的栩栩如生的圣体——若望十二。米开朗琪罗在创作"圣母与圣子"时才年方25岁，这也是他惟一的一件签了名字的作品。米开朗琪罗的圣母有着少女般的面容，她那注视着怀中基督的眼光充满了万念俱灰的绝望，凌乱的衣褶也好像不胜痛苦般地堆散在脚边。基督柔软的尸体横躺在圣母的双膝上，像一个沉睡的孩子。伯尼尼的青铜华盖位于圣保罗坟墓的上方，他的四根螺旋形的铜柱来源于万神庙的铜饰；而圣保罗的宝座 (传说此乃为圣保罗的真正御座) 上方是一个金碧辉煌、光芒四射的圣鸽，它象征着神圣的天主，其上有着巨大的巴洛克风格的支架。教皇若望十二的圣体被置于一个普通的玻璃柜中，他那据说是涂了蜡的遗体看起来栩栩如生，就像一个熟睡的人那样能一呼即起。

6. 中世纪和文艺复兴时期及其后的建筑形式和城市布局

在这一时期中，罗马城大部分建筑物的风格主要以文艺复兴和巴洛克式为主。如带有明显文艺复兴风格的建筑有兰特别墅、法尔内塞别墅、威尼斯别墅等宫邸豪宅以及圣彼得大教堂、天主圣三堂、圣玛利亚奇迹教堂和圣山教堂等。其中，文艺复兴风格教堂的立面布局形式大多为底部的希腊神庙式的入口和其上文艺复兴式的圆穹，这使得教堂的立面具有了万神庙的遗韵。罗马巴洛克式的建筑主要以一些市政设施如喷泉、广场等居多，如四河喷泉、特莱维喷泉、那沃纳广场以及圣彼得大教堂前的广场等。产生这一现象的原因是：首先罗马虽然不是文艺复兴的发源地，但也处于文艺复兴思想影响的中心区域内。如文艺复兴时期的著名大师达·芬奇、米开朗琪罗和拉斐尔等人都先后在罗马留下了许多代表性的建筑、雕塑和绘画作品。所以，在教堂的建造和贵族豪宅的建设方面深受其影响也是顺理成章的。其次，罗马是巴洛克艺术的发源地，巴洛克艺术的建筑大师伯尼尼和波洛米尼进行艺术创作的主要舞台都在罗马。因此，罗马在这一时期的公共建筑中，便近水楼台地大量采用了巴洛克式的风格和建筑元素。值得注意的是，

永恒的城市与建筑

虽然哥特式风格的建筑在中世纪时的法国大行其道，但罗马此时却没有成为哥特式建筑的舞台。

这一时期罗马的城市布局原则，应是大体沿袭了古罗马时期的随地形布设建筑物、在城市的中心地区建有广场的习惯。目前，在上述古罗马建筑遗址区和其外呈半圆形的中世纪和文艺复兴时期 (包括其后的巴洛克时期) 的建筑区之间，罗马老城区内还分布着大量有着褐红色或土黄色双坡屋顶和平屋顶，三至五层的建于19世纪以来的普通民居建筑，这些建筑多依地势起伏或道路走向布局。由于经常有着数量不等的古建遗址分割或穿插其间，使得这些普通建筑的排布无一定的规律，甚至显得有些凌乱。

罗马除了那些人们耳熟能详的著名建筑外，还有一些颇具特色而名气不大的建筑也值得一览。如在斗兽场附近不过10分钟路程的地方有圣彼得和詹姆士教堂，教堂内有米开朗琪罗雕刻的摩西像；而在万神庙后面哥特式的圣玛利亚密涅瓦教堂内 (该教堂是在原来密涅瓦教堂的遗址上建起来的。意大利很多城市较为晚近的建筑都是建在早期建筑的遗址上，这点与中国的习惯有很大的不同) ，则保存着米开朗琪罗的另一件大理石雕塑杰作"背负十字架的基督"。

四

文艺复兴的摇篮
——佛罗伦萨

如果说整个意大利是一朵欧洲历史与文化的巨大奇葩，那么佛罗伦萨便是这朵奇葩的美丽花心。登上圣母百花大教堂的穹顶放眼望去，阿诺河两岸建筑的红色屋顶和绿色的树丛及大片的草坪一起构成了一幅托斯卡那地区特有的美丽画卷，难怪达·芬奇将他的著名画作《蒙娜丽莎》的背景选在了此处 (其背景据研究是位于托斯卡那地区布里亚诺那座横跨阿诺河上的有着五个造型优美的拱形桥洞附近)。在佛罗伦萨城市的发展史中，佛罗伦萨以一种令人眼花缭乱的多彩多姿，向历史呈现出了它的各个不同的侧面。从神权政治、民主政权、君主专政最后到统一的民主国家，佛罗伦萨尝试了各种治理方式。在乌菲齐大厦内，聪明的马基雅维里写下了他的不朽名著《君主论》。文学巨匠但丁的《神曲》和薄卡丘的《十日谈》

奠定了意大利文学和诗词史诗般的地位，同时也成了音乐般的意大利语的标准和范本。迪坎比奥[1]、乔托[2]、塔兰蒂[3]和瓦萨里[4]以及天才的布鲁内莱斯基[5]，共同创造了欧洲教堂建筑史上的伟大丰碑之一——圣母百花大教堂和钟楼。瓦萨里手拿测量尺面对大教堂的雕塑，使得大师们的创作状态成为了永恒。更有星光熠熠的米开朗琪罗、拉斐尔、达·芬奇和多那泰罗[6]，他们所创造的无数的绘画、雕像和各类艺术品挤满了佛罗伦萨的博物馆、建筑物、广场和花园的各个角落，向人们默默地诉说着那些年代逝去的辉煌。

佛罗伦萨城较大的发展晚至12世纪以后，在文艺复兴时期

---

[1] 出生于比萨的豪族皮萨诺家族，他与其弟乔万尼都是当时著名的建筑师。

[2] 1267～1337年，著名画家、建筑师。代表作有《金门之会》、《接受圣伤痕的圣方济各》等十余幅画作。此外还是佛罗伦萨圣母百花大教堂钟楼的设计和建造者之一。

[3] 弗朗西斯科·塔兰蒂，是乔托的学生。

[4] 生于1511年，米开朗琪罗的学生。画家、建筑师。著有《著名画家、雕塑家、建筑家传》一书，影响甚广。

[5] 1377～1446年，著名建筑大师、雕塑家。是佛罗伦萨圣母百花大教堂圆顶、帕奇小教堂、圣洛伦佐教堂等著名建筑的设计和主要的建造者，并有雕塑多幅。

[6] 1386～1466年，著名雕塑家、建筑师。代表作有《圣母子》、《大卫》、《哀悼基督》等画作。

达到了全盛。佛罗伦萨不仅是意大利的文化之都，而且在欧洲的文化史上也占有着极为重要的地位。

1. 佛罗伦萨的历史

12世纪初，当佛罗伦萨还是意大利托斯卡那乡间的一个村野僻镇时，邻城比萨的商人已在西地中海建立起了强盛的海上贸易霸权，并在近东地区设立了殖民商站。与此同时，热那亚、威尼斯等沿海的港口城市也日益发展和壮大起来。而位于意大利伦巴第地区的米兰，则早已成了一个声名远播的大工业中心了。即使到了12世纪后半期佛罗伦萨开始修筑它作为城市的第一圈城墙时，城圈内的面积也只有200英亩，仅及比萨城区的2/3。此外，当时由于佛罗伦萨地处内陆的地理位置，还使它极少能够像热那亚、威尼斯等有出海口的海上贸易强国那样分享在地中海地区所进行的贸易利润的大部分。然而到了13世纪，随着佛罗伦萨的毛织产品在欧亚各国市场上的热销[①]，使佛罗伦萨积累财富的速度大大地加快了，城市的面貌也焕然一新。据统计，在1338年时，佛罗伦萨便居于

---

① 佛罗伦萨年产毛呢的价值约为今天的近千万美元，进行生产的毛织业作坊约有200余座。

全欧最大的五个城市之列，只有巴黎、威尼斯、米兰和那不勒斯比它的面积更大①。富有的佛罗伦萨商人此时还利用与亲教皇党 (归尔夫党) 的关系，不仅从锡耶纳城的对手那里攫取到了教皇银钱业务的垄断经营，还进一步成为了教廷在西欧各国税款的征收包办，并进而垄断了西欧各地的国际银行业务和国际贸易。与此同时，以家族为中心的佛罗伦萨大商业公司在布鲁日、伦敦、巴黎、马赛、巴塞罗那甚至突尼斯等地从事贸易、投资和货币兑换所得的大量利润也源源不断地流入了佛罗伦萨②，此举为佛罗伦萨的强大和繁荣奠定了坚实的基础，并为其后15世纪辉煌的文艺复兴运动提供了肥沃、丰厚的土壤 (图4-1)。

15世纪是佛罗伦萨社会各方面的大发展时期。造成这一局面的原因是多方面的。首先，佛罗伦萨在15世纪初由于占领了比萨而拥有了直接的出海口，进而成为了一个海上的强国③，

---

① 尽管佛罗伦萨的发展势头在1340年以后由于两家最大的商业组织的先后破产和7次黑死病的瘟疫袭击——其中仅1348年的那次黑死病就夺去了佛罗伦萨的二分之一的人口——而暂时减缓，但由于其经济结构的重要部分仍保持完好而又很快地恢复了起来。

② 仅从发现的佛罗伦萨14世纪初的一个商人的实用手册中，就记载有288项它在近东从事过贸易的货品名称。

③ 这个海上的强国很快便组建了一支强大的舰队，巡弋在荷兰、英国、埃及的亚历山大和中东的贝鲁特等地以保护佛罗伦萨海上贸易的安全。

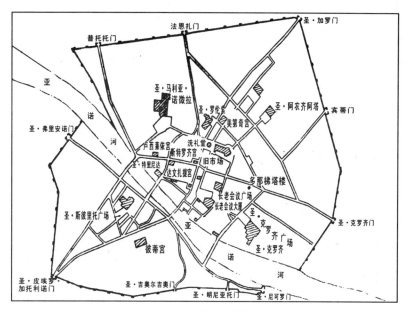

图4-1 15世纪末佛罗伦萨的城区

从而大大地促进了佛罗伦萨对外贸易的兴盛与发展。其次，虽然佛罗伦萨和其他意大利城市一样，在11～12世纪时便建立起了独立的城市公社政府 (共和政府)，但佛罗伦萨却是将这种共和体制保存得最为完好，并使之始终充满活力的少数几个国家之一。城市公社最初是城市居民为保护自己的利益而组织起来的私人团体。此后，这些团体便陆续地接管了城市中诸如司法、军事防卫以及粮食供应等政府职能而变成了管理政治的实权机构。这种公社制度的产生并不是偶然的，而是有着广阔的政治背景——这就是从古罗马时代以来追求平等和民主参政意识的深远影响。在佛罗伦萨的公社政府中，担任公职的成员来自城市中社会的各个阶层，任期一般为几个月，还时常要受到资格审查的考验。这种根深蒂固的民主参政观念是如此地牢固和深入人心，以至于后来虽有佛罗伦萨上层显贵事实上的专权统治，但这些显贵家族还是小心翼翼地满足于只在幕后操控而尽量避免撕破这层用来遮羞和粉饰的民主面纱①。而这些，也正是佛罗伦萨之所以成为其后文艺复兴发源地的重要原因之一。

　　再次，作为虔诚的基督徒，佛罗伦萨的世家豪族和富商巨贾在关注灵魂和投身现世之间永远充满了内心的矛盾和挣扎。由于他们的社会准则受其宗教信仰的制约，所以在弥合二者之间的巨大裂痕和保持二者的相对平衡方面往往要耗费他们大量的心力和精神②。因此，由于"深为其财富有一部分来自不正当的，亦即非法的得利而痛心"，为了寻求赎罪而向慈善事业、宗教团体、公共事业或贫穷的下层士民进行数量不等的财产捐助，就成为抵消这种内疚和罪过的有效方法。他们中的一

──────────────

① 如当教皇庇护二世请求佛罗伦萨当时最有实力的家族首领老科西摩·美第奇帮助调拨佛罗伦萨的财力以资助抵抗土耳其人的十字军时，科西摩曾明确地拒绝说：你知道得很清楚，在民众政府之下，一个私人公民的权利是多么有限。

② 比如，在基督教道德的教养与熏陶下，他们应该是慈爱、坚贞、谦和、守贫、不恋财富、不傲慢虚荣、不贪杯好色等。但他们身处其间的现实和所赖以生存的基础又与这些准则多相违背，尤其是财富的获得和使用，可说是引起佛罗伦萨上层社会的伦理道德观剧烈、尖锐的矛盾和冲突的根本问题。

些人甚至在身后遗产的处理中，还将一生所得的全部或大部都作为了赎罪之资。尽管这些来自富有的慈善家的捐款在此之前的数个世纪中亦多有所见，但它们大多是针对于教会组织和教堂建设的。而到了14～15世纪，捐款的大部分则转向了主要关心社会问题的机构或下层贫民。例如，美第奇银行的一个重要股东把他的慈善捐款用于了补助贫穷女孩的嫁妆；一个富有的公民达蒂尼用他的八万佛罗琳的巨额遗产设立了一笔专为赈济家乡穷人的基金；一位骑士捐赠三百佛罗琳购买土地以建造一所专门用来照顾年老体弱的穷人的医院（此后，这个医院变成了佛罗伦萨最大的一个慈善机构并接受了无数的馈赠。诸如此类的机构还有圣玛利亚·诺微拉医院以及佛罗伦萨育婴堂等）；佛罗伦萨的显贵乌萨罗还在他的遗嘱中规定，其财产的大部分要用来建造一座专为上大学的穷学生服务的招待所。不可否认的是，这些被迫的或主动的捐助，对于保持佛罗伦萨社会各阶层微弱的经济平衡，避免由于贫富差距过大而导致社会的不稳定产生了一定的作用。同时，对于佛罗伦萨社会经济的发展与增长也是不无益处的。最后，作为欧洲文艺复兴的土壤和精神家园，佛罗伦萨社会对杰出人士和天才人物给予了极大的关注和奖掖。不仅豪门贵族的庇护制使得相当一部分的艺术家衣食无忧，可以专心致力于艺术创作。而且由于这一时期从事艺术创作人们的社会地位已渐从传统的手工艺匠人而上升到和诗学、修辞学以及数学同等优越的地位而大大激发了他们的创作热情。这些精英人物或被授予政府官职、大学教职，或担任重要的艺术创作和工程建设的设计和建造 (很多大教堂和市政工程的设计及建造都出自他们之手) 。此外，由于认为他们杰出的才能应该用在创造、发明和相应的学术领域，为了使他们能有较为优裕的生活做保障，他们可以不用像一般的市民那样向政府缴纳税款①。在一定的期限内，还享有发明的专利权和发明所得的一部分利润。

　　总之，对于古罗马时代自由、民主和平等观念的向往和极大地认同；笃信宗教的真诚和虔心；社会经济快速地发展以及对于才华之士的保护和奖掖，都使佛罗伦萨这个繁荣与自由之邦具备了文艺复兴的必要和充分条件。因此，历史便责无旁贷地将此重任落在了佛罗伦萨的身上。这既是历史的必然，也是形势发展所致。

---

① 十五世纪时在佛罗伦萨实行的财产税，是根据公民拥有资产的申报单为依据而按比例征收的税款。这些资产包括不动产、企业投资、公债、现金和放贷等。但公民每年的收入却不计在内。

2. 佛罗伦萨的城市布局

佛罗伦萨濒临阿诺河。在中世纪时，它既不像阿诺河下游的比萨那样时常为排水不良的沼泽和洪水泛滥所苦（虽然流经佛罗伦萨的阿诺河段亦时有泛滥，但毕竟和下游的比萨相比频率要小得多），也不像大多数位于山丘上的托斯卡那地区的城市如锡耶纳等那样由于缺水而限制了城市的发展。除了城市水源的便利外，佛罗伦萨还是重要的水上交通（阿诺河）和陆路交通要道的汇聚之处。阿诺河将河流上下游的重要城市如阿雷佐、比萨等地便捷地联系了起来。此外，佛罗伦萨还是一条跨越亚平宁山脉的主要大道的南端终点，由伦巴第平原、米兰和威尼斯等地来的旅人都需循此大道而至佛罗伦萨。佛罗伦萨至罗马及意大利南方各省也有两条重要的交通要道——一条经锡耶纳，另一条沿阿诺河而至阿西西，最后到达罗马 (图 4 –2)。

佛罗伦萨在1285～1340年曾陆续建起了长达5英里的城墙。至15世纪末，城墙的范围如图 4 –1，可看出其大体分为两部分。阿诺河以北的部分从西向东分别是普拉托门、法恩扎门、圣·加罗门，然后南向则是宾蒂门和圣·克罗齐门。

图4-2 意大利地图

阿诺河南岸的城区大体为一不甚规则的三角形。这个三角形的
三个顶点分别是圣·弗里安诺门、圣·皮埃罗·加托利诺门
和圣·尼可罗门。佛罗伦萨城市的中心区是濒临阿诺河的市
政广场及周围地区，包括市政厅及大公广场、乌菲齐大街、
兰齐敞廊及圣母百花大教堂地区等。其中，圣母百花大教堂
在13世纪初建时，便有计划地拆毁了周围地区内为数可观的很

多建筑物，其目的是为了使大教堂建筑区能"风俗整肃、建筑醒目"。市政厅 (亦称长老会议大厦) 和大公广场地区在14世纪时，也由于修建兰齐敞廊和扩建广场，有计划地拆毁了周围的许多房屋。而至16世纪时，又由于乌菲齐大厦的修建而拆掉了周围的不少街巷，至今只有极少数的存留下来。在阿诺河南岸的圣·斯托里波广场及周围地区，则是中世纪以来的建筑和风貌存留较多的地区。广场附近的街道——如托斯卡那街和提格拉奥街——都排列着一些建于中世纪时期的各类建筑，这些老建筑的底层很多至今还保留着原来的拱形门道以作店铺之用。这种情形同样还见于阿诺河南岸的奥尔特拉尔诺地区。在连接圣·尼可罗门和圣·吉奥尔吉奥门的街道两旁，至今还有不少建于布鲁内莱斯基时期的古老建筑。这些建筑全用砖砌，立面均狭窄高耸，长与宽之比甚为陡峭，形体也大多参差不齐。除此之外，阿诺河北岸的格拉齐耶桥一带的邻河街区，也是文艺复兴时期前后的建筑保存的较为完好的地区之一。这些建筑大多有五层之高，进深较宽，窗户既少又小。为了弥补光照和空气流通的不足，大多在顶层建有面向街道的阳台和敞廊，有些还建有略向外突出的"悬楼"。这也是佛罗伦萨该时期民用建筑的一大特色。

中世纪后期至文艺复兴时期，佛罗伦萨市内各街区的住户大多是按照家族来集中居住的，无论富有或是贫穷，也无论居住环境是否宜人。这样既便于对家族成员进行安全防卫，也有利于家族成员间的互助与凝聚，每一家族都代表着自己那个街区内的权利和影响的核心。例如，圣母百花大教堂南面的阿尔比齐大街曾是阿尔比齐家族的聚居地，至今还可见到数座属于这一家族的宫室住宅；以银行业著名的巴尔第家族的聚居地是巴尔第街；斯特洛奇家族 (当时佛罗伦萨最大的家族之一) 占据着圣·特里尼达修道院附近的沿河一带；而著名的银行家阿尔伯蒂曾是教皇在法国阿维农的御用银行家——所属的家族居住区，则位于圣·克罗齐教堂附近 (尽管这一地区由于设有大量的制作毛呢的作坊而使居住环境十分恶劣)。

此外，对环境的污染较强的行业如屠宰业、制革业、砖窑和染坊等基本上设在城外。而外来的贫穷的雇工和各类工匠，则居于城墙边一些简陋的工棚中 (这些建筑已大多不存)。

尽管佛罗伦萨现在已经看不到清一色的中世纪时的完整市区了，但从一些描绘当时城市景况的壁画中 (如那幅著名的比加罗壁画，该壁画曾位于市政广场旁的比加罗善会凉廊中)，我们也可略知其大概——城区内高塔林立，市中心地区屋舍密集，街道狭窄拥堵，卫生状况不良等。这种状况直至中世纪后期，在市政当局下令将影响城市景观的大部分高塔或是截短或是拆除以使市区更为宽敞、光照更加充分、交通更形顺畅后，才有了较大的变化。这个对于城市的改建过程从13世纪中叶便已陆续开始，直至19世纪才告结束。

　　除为了城市在各方面条件的改善而做的城市改建工程外，直至19世纪中期，佛罗伦萨还基本上保留着它那传统的、和谐的城市风貌。然而，在1840年以后对于城市建筑的破坏力度便大大增强了。城墙被陆续地拆除了，围绕旧市场的街区被圮毁了(旧市场原来是一方形广场，中央有一座建于14世纪的敞亭。在围绕广场的密如蛛网般的大街小巷中，贵族的豪宅和简陋的民居错杂相列)。后在二战时，驻守佛罗伦萨的德国军队又炸毁了除了老桥外的所有阿诺河上的桥梁。最近的一次较大的破坏来自自然灾害。1966年秋季，阿诺河的洪水大量地涌入了遍布历史文物的佛罗伦萨市中心，洪水的水位曾高达15～20英尺。洪水污染了壁画，佛罗伦萨图书馆内很多珍贵的手稿和书籍也遭到了严重的破坏(该图书馆是当时仅次于罗马梵蒂冈图书馆的重要的保存文献的机构)。

3. 佛罗伦萨古建筑的分布

佛罗伦萨的市区是由一条宽阔的环形大道围合起来的相对闭合的空间。在城市的东北部、西北部和南部的山丘台

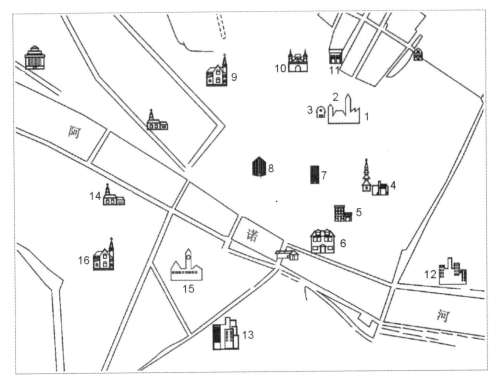

图4-3 佛罗伦萨古建筑分布

1~3 圣母百花大教堂建筑群

4 巴尔杰罗宫

5 旧宫建筑群

6 乌菲齐大街建筑群

7 大公广场

8 斯特洛奇府邸

9 圣玛利亚·诺微拉教堂及广场

10 圣洛伦佐教堂

11 雷卡尔蒂宫

12 圣十字教堂及广场

13 皮蒂宫

14 圣弗雷蒂娜堡

15 天主圣神教堂

16 加尔默罗圣母教堂

地上，绵延着大片美丽非凡的各式花园、别墅和广场，如位于市区东北部的多那泰罗广场、荷拉德斯卡花园、塞姆普利斯花园；市区北部的拉斐尔广场；西北部的维多利亚·温内托广场以及南部的特里加农花园和皮蒂宫的波波里花园。阿诺河从西北向东南流贯市区。阿诺河以北，集中着城市大部分的古建筑(图4-3)。

（1）市中心内层分布区 (第一圈层)

该区包括阿诺河北部，位于沿河城市中心地带内的以斯特洛奇府邸、圣母百花大教堂建筑群、巴尔杰罗宫、旧宫和乌菲齐博物馆建筑群所围合起来的长方形区域。这一区域的建筑大多为13世纪以后所建。如圣母百花大教堂始建于1296年，旧宫始建于1299年，乌菲齐博物馆建于16世纪，斯特洛奇府邸建于15世纪初。其间的一个例外是圣母百花大教堂侧的洗礼堂，它建于5世纪。斯特洛奇府邸是一个由建筑四面围合起来的、平面呈正方形的美丽府邸。它的第一任主人是菲利普·斯特洛奇。斯特洛奇家族由于长期以来备受美第奇家族的排挤和倾轧，在政治上很不得志，所以老斯特洛奇立志欲在宅邸的建造上胜对手一筹，要建造一所非凡的府邸来与美第奇的住所一较高下，以平衡他那颗长期郁郁的苦闷心灵。斯特洛奇府邸从1489年始建，直至公元1538年才彻底竣工 (图4-4)。老菲利普耗费巨资兴建的宫室确实如其主人所愿，终于成为佛罗伦萨民用建筑领域内的一颗最耀眼的明珠。斯特洛奇府邸的兴建费时达50余年，参与设计、建造的名家共计有五位之多，包括那位著名的朱力亚诺·达·桑加洛。该府邸那优美的粗琢式立面，窗部修饰和中庭柱廊，以及推陈出新地采用了古典建筑中的均衡对称、和谐工整的原则和古典的石柱、拱门、柱头等形式的广泛运用，终于使其跻身于同时期的优秀建筑之列。

圣母百花大教堂是世界第三大教堂（前两位分别是圣彼得大教堂和圣保罗大教堂），它的主教堂、洗礼堂和钟楼组合成了典型的教堂建筑的"三件套"。主教堂于1296年开始兴建，它的基础原是一座更早时期的教堂。主教堂平面布局为拉丁十字，长153米，宽38米，表面上覆克拉拉白色大理石、玛莱玛红色大理石和菲拉托绿色大理石。教堂共建造了百余年，而教堂哥特式风格的正立面则是在19世纪后期才完成的。主教堂内部的建筑是罗曼式、哥特式风格的融合之作。它既有罗曼式的圆拱和粗大的方柱，也有哥特式的尖拱、肋架和彩色玻璃窗。在此基础上，那个由布鲁内莱斯基设计的高达110米的文艺复兴式的穹顶高耸其上，终于使整个建筑统一于一个完美的构图之中。主教堂工程是在经历了奠基、拆毁周围的建筑和扩展街区等繁复、费时的准备工作后，才于14世纪初开始了它的主体建设的。工程先从面对洗礼堂的西门开始，渐渐从西向东进行。大部分的立面和教堂中舱的墙壁约在1355年建成。至1365年，则完成了内部的方柱和中舱的穹顶。此后又过了50年，才又增加了教堂的进深并在其内修建了八角形的唱诗班席位。

而建造大教堂的巨大穹顶，在天才的布鲁内莱斯基之前，还是一个没有任何一位建筑师能够解决的复杂的技术问题。巨大的穹顶跨度和其本身巨大的重量，曾使很多优秀的建筑师都望而却步。1417年，圣母百花大教堂艺术品保管室和羊毛工会理事会联合召开了一次全国性的建筑师和工程师会议，讨论升高圆顶的方法。布鲁内莱斯基亦应邀出席。他提出不能直接从原来的屋顶处升高结构，而是需作高30英尺的中楣，在各面的中央开一圆形大窗。这不仅可减轻讲坛支持的重量，而且更容易升高圆顶。他并对这一计划进一步论述道："考虑到这一结构的诸种困难……我决定圆顶的里层仿照外层一样改成尖形，两个顶要有比例及平拱的曲线，曲线上升，托住天窗，两者接合，圆顶便能牢固无恙。其底部的厚度应是7英尺半，金字塔形上升，从外部渐渐变窄，直至天窗处结束；在此接合点，原定应有2英尺半的厚度。然后在外面必须有另一个圆顶，其底部应厚5英尺，才能使里面的一个免遭雨水的侵蚀。这一圆顶也必须以相应比例的金字塔形地缩小，才能与另一个在天窗的底部相会，像另一个一样，其顶部的厚度可能是1.33英尺。在每个角上应有一个扶垛，共8个；各边中央须有两个扶垛，共16个；里外各边的对角间，须有两个扶垛，扶垛底厚8英尺。两圆顶成金字塔形，以相等的比例一起上升到天窗旁的圆窗的高度。在上述两圆顶四周须建24个扶垛，以及6个坚固的长形灰砌石拱，用涂锡的铁条紧箍；灰砌石上方要用铁系材将圆顶与扶垛箍住。石工的第一部分，高10英尺半，必须十分坚固，不得有空隙，然后扶垛必须延伸，两个圆顶分离。底部的第一和第二层须由交叉平砌的长条灰石加固，才能使两个圆顶安在灰砌石上。在两个圆顶每18英尺的高度上，两个扶垛间应有小拱，用粗栎木系材将其与扶垛箍住，以便支撑内圆顶；然后栎木系材上覆以铁板，作为阶梯。扶垛必须用灰石和坚石建造，圆顶四周也必须用坚石，与扶垛相箍至48英尺的高度；从这一高度至顶部必须用砖，或用海绵石，须尽可能使这部分的重量越轻越好。在窗上方的外部必须建一通道，在下面形成一走廊，带4英尺高的敞开的栏杆，与下面的小讲坛成比例；雨水从圆顶流入一个8英尺宽的大理石檐槽，再从檐槽下用坚石作的出口流出。圆顶外表的角上要有8根有一定厚度的大理石肋拱，高出圆顶2英尺，屋顶上有一个4英尺宽的楣，起山墙和檐的作用；这些肋拱下宽上窄，成金字塔形。两个圆顶的拱必须按上述的方法建造，无须构架，至60英尺的高度后，再往上按照常规的方法去做。"他为此设计了双层内壳结构以减轻教堂基础的重量；此外，他的对穹顶分层砌筑的方法也使各层依次紧扣，足可作为上一层的基础①。据说在竞标建造大穹顶的资格时，这位"身量不高、其貌不扬"的布鲁内莱斯基曾对竞争者们说"谁能把鸡蛋直立在一块大理石板上，就让谁建造圆屋顶，因为这能检验你的智慧"。众人都纷纷试验，但均告失败。而布鲁内莱斯基则从容不迫地拿起鸡蛋，将鸡蛋的一头敲在大理石板上，鸡蛋立住了。因此，布鲁内莱斯基便赢得了竞标的资格。完工后的圣母百花大教堂是一个人间的奇迹。单是它那些令人叹为观止的数据就足以说明它独一无二的特质了——从地面至天窗底部高308英尺，天窗高72英尺，铜球8英尺，十字架16英尺，总高404英尺 (图4–5) 。

洗礼堂初建于公元5世纪 (图4–6) ，是一座八角形的、外表贴有绿色和白色大理石的优美建筑物。洗礼堂是为纪念佛罗伦萨的保护圣徒——施洗者约翰而建造的 (当时每年在施洗者约翰的斋日6月24日，都要举行规模盛大的节庆游行) 。洗

---

① 布鲁内莱斯基由于对大教堂穹顶的不凡贡献而声名雀起。除了大教堂建设外，他还指导了佛罗伦萨育婴堂的建设和圣洛伦佐教堂的重修工程，以及圣·斯波里托教堂的设计。

图4-4 斯特洛奇府邸

礼堂也是佛罗伦萨最古老的罗马风格的建筑物。它的三道青铜门是洗礼堂最令人赞叹的不朽杰作，其中的一道还曾被米开朗琪罗称为"天堂之门"，据说雕刻家为此工作了25年之久。洗礼堂共有三座青铜门：一座为当时佛罗伦萨著名的画家、雕塑家安德列亚·比萨诺所作，另外两座则为吉贝尔蒂所作。吉贝尔蒂在雕塑上的成就可与当时的多纳泰罗和著名建筑大师、雕塑家布鲁内莱斯基相媲美。洗礼堂正对百花大教堂的"天堂之门"雕塑，即是吉贝尔蒂所作的二门之一。洗礼堂的内部亦呈规则的八角形，堂顶的八片分瓣上，画有13世纪时佛罗伦萨的美丽壁画。圣母百花大教堂旁的钟楼又称"乔托钟楼"（图4-7），它建于1334年。钟楼的二层以下为著名画家和雕塑家乔托所建，下层有乔托雕刻的方格状浮雕，内置乔托和著名雕塑家多那泰罗雕刻的16尊雕像。钟楼的二层以上则分别由安德烈

图4-5 圣母百花大教堂局部

图4-6 洗礼堂细部

图4-7 乔托钟楼

亚·比萨诺和乔托的优秀弟子弗朗切斯科·塔兰蒂完成,塔兰蒂最后还用彩色大理石将钟楼全部覆盖了起来。

巴尔杰罗宫于1255年建成,主要是作为议会公署,它是一座典型的民用哥特式建筑。其平面布局呈长方形四面围合的形式,只是西侧的一面较其他三面较为高耸。巴尔杰罗宫现为巴尔杰罗博物馆,收藏有各类艺术珍品如陶器、家具、手工艺品、门饰、绘画和雕像等,其中不乏出自米开朗琪罗、多那泰罗、切里尼和朱利亚诺·达·桑加洛等大师之手的杰作。

旧宫建筑群包括旧宫、乌菲齐博物馆和大公广场及周围的建筑物。旧宫建于1299年①(图4-8)，他最显著的特征是门口竖立着的两尊雕像 (图4-9)。雕像分别是米开朗琪罗雕刻的"大卫"②和多那泰罗雕刻的"朱迪杀死奥洛菲尔内"③。旧宫是一座三面围合、一面有着高耸的二层塔楼的公寓式建筑。1490年，文艺复兴时期的建筑大师米凯洛佐曾为美第奇一世(即老科西莫)设计了旧宫的第一座庭院。其后，师从米开朗琪罗的建筑师瓦萨里又建造了著名的"瓦萨里台阶"直通向"五百人大厅"，大厅曾是美第奇一世接见执政官的地方。此外，旧宫内的著名建筑还有"美男子"洛伦佐④的小书房，以及文书室、储衣室和各类不同用途的大厅。乌菲齐博物馆是16

---

① 16世纪时，美第奇家族因为迁居到了阿诺河南岸的皮蒂宫，故将其原来所住的这座宫殿称作"旧宫"。

② 米开朗琪罗的"大卫"雕像成于1504年1月，至当年的5月，才被安放在旧宫的入口处。为了确定雕像的安放地点，米开朗琪罗和达·芬奇还产生了龃龉。因为达·芬奇曾建议将其放在附近的兰齐凉廊内，以免于"碍事"。现雕像已移至乌菲齐博物馆内，放在门口的为19世纪的仿制品。据说"大卫"的面容很像老科西莫的孙子洛伦佐和其弟朱利亚诺——面容俊朗，身躯健壮，全身都透射出无穷的活力。

③ 《朱迪传》是《旧约》次经中的一卷。相传古代犹太寡妇朱迪杀死亚述大将奥洛菲尔内而拯救了全城。

④ 即老科西莫的孙子，他的妻子是奥地利的公主乔瓦娜。

世纪中叶由建筑师瓦萨里设计并建造的，"乌菲齐大楼"的含义为"办公大楼"（即英文"Office"之意，图4-10），它把引人入胜的旧宫与街道、广场以一种独特的形式连接到了一起。同时，"办公大楼"还将美第奇府邸周围的法庭及各种公务机构都集中到了乌菲齐大厦内，并将其上层的凉廊作为博物馆，这也是世界上最古老的一座博物馆。乌菲齐大厦的底层外部是两排宏伟的柱廊，上部三层立面具有典型的文艺复兴时期阶层柱式风格。大公广场位于旧宫前面，它的一面是兰齐凉廊，原来老科西莫的德国雇佣兵曾驻扎于此，现在此处成了一座小型的露天博物馆，有数尊著名的雕像如"佩尔塞奥斩首美杜萨"①和"劫掠萨宾妇女"②（图4-11）等竖立于此。大公广场的另一面竖立有老科西莫的骑马铜像和海神喷泉，喷泉上巨大的白色海神是由阿曼纳蒂雕刻的③（图4-12）。

上述区域均位于原佛罗伦萨旧市场之东。旧市场以西则分布有数幢佛罗伦萨上层社会著名的豪宅。虽然佛罗伦萨保存

① 据说佩尔塞奥的头部造型的原形是根据米开朗琪罗而来。
② 该雕塑的最奇妙之处是劫掠者的手指印在萨宾妇女的皮肤上清晰可见。"劫掠萨宾妇女"这一题材还可见于17世纪法国的著名画家普桑的同名油画。
③ 2005年12月的一天午夜，佛罗伦萨的几个不良少年曾将海神雕塑的胳膊弄断，现已补好。

图4-8 旧宫外立面

图4-9 旧宫门首

图4-10 乌菲齐大街

恒的城市与建筑

图4-11 兰齐敞廊中的劫掠萨宾妇女雕塑

下来的此类住宅约有十几座，但这些宫室豪宅却因其主人的声名和建筑的宏丽而蜚声世界，它们是达文扎提宫、鲁切莱宫和前述的斯特洛奇宫等。达文扎提宫是达·芬奇家族在14世纪时建成的(今为一座博物馆)，它有着14世纪时佛罗伦萨建筑的典型特点——立面高而狭窄，顶层建有敞廊，主要的房间都面向大街。各层房屋的布局一般都是前厅后室且设施完备，计有客厅、餐厅、盥洗室和卧室等。家族内的老辈家长和儿子虽同住一宅，但分层居住。宫宅的底层则作为店铺，并储藏有大量家族所需的各类物品。整个建筑内部宽敞优雅，装修豪华，家具精美，各类艺术品琳琅满目，显示了主人雄厚的经济实力和不

图4-12　大公广场旁的海神喷泉

俗的艺术修养和品位。鲁切莱宫邻达文扎提宫西北部，是鲁切
莱家族的豪宅。鲁切莱不仅是15世纪中期佛罗伦萨上层社会的
重要人物，也是全城的首富之一 (该家族还出过一位教皇)。他
与美第奇的资产都超过了100万弗罗琳[①]，名列当时欧洲最大
的富翁之列。不仅如此，他还通过婚姻关系而和佛罗伦萨的上

---

① 当时佛罗伦萨有两种货币，即金币弗罗琳和银币里拉，金币一般可按银
　币折算。15世纪初，一金币等于3.75银币里拉。每一弗罗琳的含金量为
　3.536克。当时一般政府职员的平均月工资约为6弗罗琳，高级官员和著
　名的大学教授的平均月工资约为25～30金弗罗琳。

层社会建立了密切的联系。他的妻子是著名的斯特洛奇之女，他的儿媳则是老科西摩·美第奇的孙女。鲁切莱宫的设计师是著名的利昂纳·巴蒂斯塔·阿尔伯蒂①。该建筑的外立面采取了典型的文艺复兴时期的风格，阶层柱式体系的运用使得整个建筑既和谐有序又充满了动感，这使得他跻身于当时佛罗伦萨最美的私用建筑之列 (图4-13)。

（2）市中心外层分布区 (第二圈层)

这一地区内的主要建筑包括圣十字教堂 (图4-14)、雷卡尔蒂宫、圣洛伦佐教堂和圣玛利亚·诺微拉教堂和广场等。圣十字教堂约始建于12～13世纪，至文艺复兴时又先后有乔托、多那泰罗和卡诺瓦等大师参与了其中的建设。其平面布局是由长方形的教堂、教堂南侧的帕奇小教堂和第一进院落以及临阿诺河的第二进院落共同组成的建筑群。其外立面融合了文艺复兴和哥特式的两种风格，而在教堂内部，则主要以哥特式的风格为主 (如尖拱和彩色玻璃窗)，并间有古罗马教堂的一些痕迹。圣十字教堂以其中众多的名人纪念墓而闻名遐迩，这些名人有伽利略、马基雅维里、但丁和米开朗琪罗等。此外，教堂

---

① 1404～1472年。生于佛罗伦萨显赫的阿尔贝蒂家族，著名建筑师。其代表作品有：佛罗伦萨的圣玛丽亚教堂正立面、佛罗伦萨的豪富鲁切莱的府邸、曼图亚的圣安德烈亚教堂等。

图4-13 鲁切莱宫

图4-14 夜幕下的
圣十字教堂

图4-15 帕齐小教堂

内为数不少的壁画和精美的雕刻，也使得它成为了文艺复兴时期前后佛罗伦萨艺术的博物馆。

　　与圣十字教堂齐名的另一座教堂也在圣十字教堂的庭院内，它就是帕齐小教堂 (图4-15)。帕齐家族是佛罗伦萨的一个古老、显贵的家族，属于支持教皇的归尔夫党阵营，是美第奇家族的夙敌。1478年4月26日，帕齐家族和教皇西克斯都四世联合起来，共同策划了对美第奇家族成员的暗杀计划。他们密谋在洛伦佐和其弟朱里亚诺到大教堂做弥撒时刺杀二人。朱里亚诺遇刺身亡，身上被刺了19刀。而洛伦佐虽然颈上被刺，但在朋友的帮助下因躲藏在教堂的圣器室中而幸免。该家族的成员雅各布·帕齐后来也因参加了那场著名的暗杀事件而为美第奇家族所杀。帕齐小教堂建于1430年，其设计者即是天才的布鲁内莱斯基，它也是圣母百花大教堂穹顶的设计者。帕齐小教堂以圆形和方形的巧妙布局和搭配，完美地体现了神奇的比例。它的圆形顶部和其下半圆形的拱门及两侧有着各向三根立柱的柱廊，于优美的对称中展示了高度的和谐。

雷卡尔蒂宫建于14世纪，是当时著名的建筑师米凯洛佐为老科西莫设计并建造的，其设计理念受布鲁内莱斯基的影响甚大。它的平面布局与旧宫相近，亦采用了四面围合的形式。其外立面则采用了文艺复兴时期典型的阶层柱式形式，从底部的粗琢直至上层的平滑，使得立面的变化更富有层次感和更为雅致 (图4-16)。宫殿在内部空间的安排上，则很好地体现了该时期此类建筑所追求的典型特点，这就是整齐和谐、宽敞宏大。

圣洛伦佐教堂原建于公元4世纪，其间还经过数次改建。最后在16世纪时，米开朗琪罗和布鲁内莱斯基又受老科西莫之命将教堂再行改建[①]。1518年初，米开朗琪罗与出身于美第奇

---

① 该教堂曾是老科西莫资助的首批对教堂和修道院进行修缮的建筑工程之一，也是科西莫家族的教堂。该时期佛罗伦萨的一些显贵家族大多建有家族礼拜堂或教堂，教堂的名称基本上是以去世的家族名人命名，前冠一"圣"字。

家族的教皇利奥十世签订了在八年内建好圣洛伦佐教堂正面的合同 (虽然这项计划后来由于种种原因像米开朗琪罗的其他项目一样并未完成), 但我们还是可以从中看出米开朗琪罗那不拘一格的设计思想。教堂的正门由三个部分组成。"第一, 底部一排8个有凹槽的圆柱, 柱高约为18米。有三个入口和4座约9米高的铜像, 以及7个浮雕。四周每侧面上有两个圆柱环绕, 圆柱间是一座高浮雕像; 第二, 上部一排8个壁柱, 约10到11米高不等。正门上坐落4个铜像, 每边两个壁柱和一座铜像。第三, 上层檐口带10个柱上楣构, 8个在前, 2个在侧面。正门里还有4个壁龛, 每边一个。每个壁龛里用于安放大理石石雕, 石雕高约9米。此外, 在底层的正门里, 还有7座同实物般大小的大理石浅浮雕, 5个方形图和2个金属装饰圆盘。在中心处是一个三角楣饰。"它的平面布局为拉丁十字。十字的一端是圆形的洗礼堂, 钟楼位于教堂的袖廊一侧。教堂的中舱南部, 是紧连着的一个方形庭院。教堂内部由两排高大的柱廊[①]分隔开了教堂的空间, 使教堂内部既视线通透又显得开阔 (图4–17)。

圣洛伦佐教堂的纪念墓碑、讲道台、石棺、雕像和更衣

---

① 科林斯式柱头上置穹肋, 这在许多文艺复兴时期所建的教堂中都能见到。

所大部出自名家之手，如米开朗琪罗、布鲁内莱斯基和多那泰罗等 (老科西摩曾委托多那泰罗制作了教堂内的青铜讲经台和圣器室的大门)。而教堂圣器室内的几座有雕像的石墓——洛伦佐及其兄弟朱利亚诺①则出自米开朗琪罗之手。洛伦佐墓有墓主本人的雕像及代表"晨"与"昏"的两座人体雕像；朱利亚诺墓除墓主外，亦有代表"夜"与"昼"的两座人体雕像。这些雕像的艺术魅力是如此的感人，以至于当时的许多文人学士都对他们毫不吝惜赞美之词："你在此见到的'夜'睡姿秀雅，那是天使之手刻于这块无瑕之石；熟睡仍洋溢着生命力。不信就弄醒她，她会跟你说话。"在这些雕像中，朱利亚诺一派对命运屈服顺从的神情，侧头斜视。"昼"则注视着自己的脚下，藏于石头中的脸庞透出一种不加掩饰的轻蔑与孤独。而"夜"像一个沉入噩梦中难以清醒的精灵。洛伦佐俊美的脸庞作沉思默想状，一如后来罗丹的那座著名的雕塑——思想者。美丽的"晨"慵懒地醒来，面对现实无所适从。"昏"则于思考中大彻大悟，一派释然 (图4-18)。

圣玛利亚·诺微拉教堂建于1250年②，它是多米尼克教派

---

① 教皇克莱门特七世的父亲。

② 1288年，为了使该教堂周围的环境更加宜人，还建起了与教堂相配的广场。

图4-16 雷卡尔蒂宫

图4-17 圣洛伦佐教堂内景

图4-18 圣洛伦佐教堂雕塑

的主要教堂。多米尼克教派在14～15世纪时的佛罗伦萨是最为活跃的教派，著名的教士兼画家安杰利科[1]便出自这一教派。此外，该教派在此时期出任主教的人数也较多。教堂于15世纪时，又由米开朗琪罗重建。它的平面布局为一方形，教堂从南向北纵贯其间，钟楼位在教堂的北部之侧。其半圆形的教堂顶部是由著名的利昂纳·巴蒂斯塔·阿尔伯蒂设计的。教堂内的圣母领报像瞻仰者甚众，据说圣母曾显有灵迹。此外，著名的天才画家马萨乔[2]作于教堂主厅北墙之上的《三位一体图》，

---

① 1387～1455年，著名画家。代表作有：《圣多明戈和基督受难》、《受胎告知》、《圣母子与众使图》等画作。

② 1401～1428年，著名画家。代表作有：《施洗约翰》以及加尔默罗圣母教堂中布兰卡奇祈祷室内的系列壁画等。

也为教堂增色不少。教堂前的广场大体为一长方形，中有喷泉，三面有柱廊环绕，大片的绿地使该广场成了佛罗伦萨最美丽的广场之一。

（3） 城市环路分布区(第三圈层)

该圈层位于第二圈层之外，大多分布在城市环路周围。主要有圣马克教堂和圣安纽瑞塔教堂。圣马克教堂曾是佛罗伦萨城宗教的中心，也是多米尼克教派的重要教堂[①]。它是由一座拉丁十字的教堂、教堂后的钟楼和教堂东侧的方形庭院组成的一组建筑群，著名画家兼基督会士安杰里科的多幅名作如"圣母领报像"、"最后的审判"等均保存于此。圣安纽瑞塔教堂位于圣马克教堂东南，由圆形的洗礼堂、主教堂和教堂庭院所组成。

上述圈层之外，是阿诺河南岸历史建筑分布区。这一区中最重要的建筑应为皮蒂宫建筑群。皮蒂宫建于1450年左右，是布鲁内莱斯基为当时佛罗伦萨的富商路加·皮蒂设计的 (图4–19)。当初整个宫殿高36米，宽55米 (今宽205米)。皮蒂家族与帕齐家族相反，是支持保皇的齐伯林党的忠实盟友，皮蒂家族一直主张与那不勒斯的安茹王朝保持友好关系，为此深受教

[①] 由于老科西摩与教堂住持的友好关系，他曾出钱资助了该教堂的修复工程，并在教堂内有一间他自己专用的祈祷室。

会的排挤和倾轧。皮蒂家族败落后，老科西莫便将其买了下来，并将宫殿后面的丘陵建成了一个美丽的花园，即波波里花园。在美第奇家族之后，皮蒂宫又先后成为罗莱纳家族的宅邸和意大利统一后萨沃亚皇室的皇宫。皮蒂宫的正立面是带有两个侧楼的长方形建筑，在其中段的背面，又有着两座与其垂直的翼楼，这使得整个宫殿成为了一个三面围合，一面朝向波波里花园的美丽建筑群。皮蒂宫是一个名副其实的佛罗伦萨艺术荟萃之所，它的各类厅堂、卧室和小博物馆中挤满了壁画、挂毯、华盖、家具、瓷器、绸缎、吊灯、金银器皿和首饰、珠宝、马车及服装等。此外，拉斐尔的许多名作也被收集在这里。

皮蒂宫的西边是天主圣神教堂，这座教堂是15世纪时由布鲁内莱斯基设计并建造的。圣神教堂的平面布局为拉丁十字，钟楼位于十字的短轴一侧，而教堂的方院则位于十字的长轴端头。圣神教堂的外立面为文艺复兴风格，但其圆穹旁的塔楼却有着哥特式的元素。教堂内有精美的壁画，附属建筑有饭厅和更衣所(更衣所是由当时著名的建筑大师朱力亚诺·达·桑加洛建造的)。

天主圣神教堂之西，还有两座南北并列的建筑，这就是加尔默罗圣母教堂和圣福雷第纳堡。加尔默罗圣母教堂建于13

图4-19 皮蒂宫

世纪末,但其原址却是一座古罗马风格的教堂,而现今所看到的教堂又是18世纪时修复后的面貌 (13世纪建成后曾遭大火焚毁) 。该教堂的平面布局亦为拉丁十字,教堂庭院位在教堂中部西侧。教堂中主要的艺术品都集中在右翼的布兰卡奇小教堂中,主要是马萨乔的多幅不朽的经典壁画。圣福雷第纳堡北临阿诺河,顶部为典型的文艺复兴风格的圆穹,下部的立面造型状类凯旋门,非常独特。

在佛罗伦萨东北部的山丘上,则是佛罗伦萨最重要的考古区——菲莱索耶镇,该镇的产生年代大约可追溯到伊特拉斯坎人时期。镇内的考古区包括一座小型的考古博物馆和一座建于公元1世纪的古罗马露天剧场。

综上所述,佛罗伦萨的古建筑分布具有下述特点。

① 阿诺河北岸是该城古建筑主要的分布区域,全城80%以上的古建筑均分布在此区域内。主要有圣母百花大教堂、旧

宫及其广场、乌菲齐大厦、圣十字教堂、斯特洛奇府邸、圣玛利亚·诺微拉教堂、圣洛伦佐教堂以及巴尔杰罗宫和雷卡尔蒂宫等。而在阿诺河南岸，则只有皮蒂宫、天主圣神教堂和加尔默罗圣母教堂等数座建筑。

　② 佛罗伦萨古建筑的始建年代大多为公元12世纪以后，这与罗马的市中心考古区内分布有大量的古罗马共和时期和帝国时期的古建筑相比有着极大的区别。该城内12世纪以后出现的建筑类型大多为各种教堂，如著名的圣母百花大教堂、圣十字教堂、天主圣神教堂、圣玛利亚·诺微拉教堂及加尔默罗圣母教堂等，且其平面布局形式均为拉丁十字。而文艺复兴时期前后兴建的建筑则大多以各种别墅和花园为主，如阿诺河南岸著名的皮蒂宫和波波里花园；城内的美第奇雷卡尔蒂宫和斯特洛奇府邸；城外山丘上的美第奇家族别墅、卡雷基别墅以及佩特拉亚别墅等。建筑物的类型表明了佛罗伦萨城市发展的各个阶段具有不同的鲜明特点。即12世纪至文艺复兴时期之前，宗教教会的势力较为显著，教堂的大量出现充分地说明了这一点。而至文艺复兴时期以后，随着城市经济的迅速发展，城市贵族和市民中产阶级的权力则逐渐加强。在建筑的表现形式上，出现了为数众多的宫殿、贵族豪宅和中产阶级的住宅和花园等。

③ 佛罗伦萨古罗马时期的建筑遗存主要集中在城市东北部的菲莱索耶镇及其附近，城内除了极少量的建筑外 (如圣母百花大教堂旁的洗礼堂，便建于公元5世纪)，大多为较为晚近的12世纪前后或文艺复兴时期的建筑。由此可以看出，佛罗伦萨城的迅速发展约在公元12世纪前后。而在此之前的各个时期 (包括古罗马时期)，该城的影响及规模可能都十分有限。

形成这种情况的原因有两点。首先，在公元12世纪以后，佛罗伦萨的城市公社政府不仅将公民纳税所得的大部分财力用于城市的改造和建设中，而且还采取了不少措施将原来属于家族支配的街巷 (因佛罗伦萨的家族大多为聚族而居) 置于市政管理之下统筹布局与规划。此外，12～13世纪以来 (这一时期由于教皇权力的无所不包而使大部分欧洲地区的宗教氛围空前浓厚)，公社政府还一直拨款资助教堂的修建如圣玛利亚·诺微拉教堂、圣克罗齐教堂、加尔默罗圣母教堂及圣母百花大教堂等的建造工程，从而为这一时期宗教建筑的较多出现奠定了一定的经济基础。其次，佛罗伦萨至文艺复兴时期，由于经济的迅猛发展以及富商巨贾的大量出现，使得这一时期兴建的贵族、富商的豪宅宫室成为了佛罗伦萨城市发展的一大亮点和重要的景观。此时期的重要建筑有皮蒂宫、雷卡尔蒂宫、旧宫、斯特洛奇府邸、鲁切莱府邸和卡雷基别墅等一批极为可观的宏丽建筑物。这些豪宅都有着宽敞的屋宇、豪华的装修、各种完善的生活设施及精美的各类艺术品。显示出了文艺复兴时期佛罗伦萨城市经济的发达与富足。

4. 佛罗伦萨各时期建筑风格的特点

(1) 城市早期的建筑，如始建于12～13世纪时的建筑，有些具有哥特式的风格或有着哥特式的建筑元素。其中除了巴尔杰罗宫外，大部分为宗教建筑，如佛罗伦萨主教堂的内部，圣十字教堂的外立面及内部以及其后天主圣神教堂的哥特式塔楼等。

(2) 大多建于14世纪以后的建筑以文艺复兴风格居多。如斯特洛奇府邸、达文扎提府邸、鲁切莱府邸、雷卡尔蒂宫、皮蒂宫以及帕齐小教堂、主教堂的穹顶部分、圣洛伦佐教堂和圣玛利亚·诺微拉教堂等。文艺复兴风格的建筑既有大量的贵族府邸，也有为数不少的宗教建筑，可见这一建筑风格的影响之大。

(3) 罗马式建筑的风格偶见，如佛罗伦萨主教堂对面的洗礼堂，即为一罗马式风格的建筑。

佛罗伦萨文艺复兴风格的建筑占绝大多数的原因，是因

为佛罗伦萨是欧洲文艺复兴的发源地，所以这种风格对其建筑的影响 (包括对雕塑、绘画等艺术领域的影响) 也是不言而喻的。

五

历史的舞台
——那波里

那波里与其说是一个历史古城，不如说是一座现代都市。这个有着200万人口的大城市，是欧洲人口密度最高的城市之一。城内到处都是拥挤的人群、密集的建筑和狭窄的街道。就连碧绿清纯的那波里湾内，都挤满了各式船只 (图5-1)。难道这就是那个飘荡着《那波里船歌》、《桑塔露琪亚》、《重归苏莲托》和悠扬动人的意大利歌剧的那波里?这就是那个公元前470年就建立的希腊人的"新城" (那波里在希腊语中意为"新城")，而在13世纪中叶前后便成为如同巴黎一样的大城市的那波里?这就是那个乔托、马萨乔、卡拉瓦乔等人驻留和工作过的那波里?这就是那个有着著名的皇宫、城堡、各式教堂、广场和喷泉的那波里?那波里完全不是我所想象的样子。

图5-1 那波里湾的桑塔露琪亚港

1. 那波里城的历史

那波里位于靴子形状的意大利半岛的南端。在历史上，由于意大利半岛除了在罗马共和及帝国时期保持着统一的领土外，大部分时间都处于各自为政的分裂状态，所以其历史均有着自己独特的发展过程。在4世纪初，罗马帝国在行政上便分为了东西两部分，尽管形式上这两部分仍维持着政治上的统一。而早在此之前，（西）罗马帝国便已狼烟四起，战事不断。在帝国境内，首先遇到了来自哥特人的大举入侵。哥特人原是居住于欧洲北部斯堪的纳维亚地区以及欧洲东部多瑙河地区的民族，在乌克兰地区的被称为东哥特，在罗马尼亚境内的被称为西哥特。从3世纪30年代起，哥特人便开始像潮水般地渡过多瑙河进入到了罗马帝国境内。哥特民族虽然在文化、经济上都较为落后，与罗马帝国不可同日而语。但在战斗力方面，却远胜于帝国军队。所以，帝国境内的土地便大量地为哥特人所占领。哥特人此一波未平，匈奴人彼一波又起。374年，原居于中国西北部边境的匈奴人又越过了伏尔加河侵入了欧洲，欧洲各民族闻风丧胆。匈奴人首先征服了哥特人及顿河流域和黑海北岸蒙古草原上的阿兰人，既而挥师欧洲的西部。铁蹄所至，使得定居于此的汪达尔人、勃艮第人、盎格鲁人、撒克逊人和法兰克人落荒而逃，纷纷进入到了帝国的核心地区(有关匈奴人进入欧洲的历史，也在好莱坞的影片《阿提拉》中有所反映)。此时的西罗马帝国，山河破碎，风雨飘摇。不列颠、西班牙、非洲、高卢和伊利里亚半岛 (巴尔干半岛) 等各行省都先后丧失殆尽。至此，罗马帝国的边界就仅为意大利的边界了。至6世纪初，东罗马帝国雄才大略的查士丁尼皇帝有感于帝国的西部一直处于野蛮民族的统治之下，誓救帝国臣民于水火之中。于是，便倾全力再次收复了西罗马帝国的残存国土，此部国土便被称为"拜占庭意大利" (即东罗马控制下的意大利)。

拜占庭意大利在查士丁尼皇帝统治下的蜜月期尚未结

束，便又遭遇了伦巴第人的入侵。伦巴第人属日耳曼民族，2世纪下半叶时定居于多瑙河中游。他们长须长髯，长发披肩，故被称为"伦巴第人"，意为"长胡子"。约在7世纪前后，伦巴第人便先后占领了拜占庭意大利境内的威尼斯、维琴察和米兰等地。

从此时起，意大利便开始了"中世纪时期"。这时，原先的罗马—哥特(匈奴的入侵及占领属暂时性的)对抗演变成了拜占庭—伦巴第冲突。虽然二者形式各异，但性质却相同，均为罗马帝国——不管其形式如何——与来自北方野蛮民族的冲突与战争。至此，意大利领土的统一自罗马共和后期以来第一次被打破，直至1870年全意大利统一。其间意大利一直处于割据和分裂的状态，一直未能作为一个统一的独立国家而存在。

在伦巴第人的统治下，罗马帝国原有的行省划分被代之以各个不同的大公国。大公国的疆域大小不等，既有仅包括城市及附近区域的小型大公国，也有与原来罗马帝国行省范围相差无几的大型大公国。各大公国的最高行政长官是国王任命的公爵。公爵是终身制，且世代相袭。意大利境内此时主要的大公国有威尼斯大公国、拉文纳大公国、罗马大公国及那不勒斯大公国等。各大公国彼此之间或仅有松散的联系或毫无联系。

8世纪初，在意大利的政治舞台上存在并交织着四种因

素，即伦巴第王国、东罗马帝国的统治区域、教皇国和地方自治 (大公国)。这四种不同因素的力量此消彼长，争斗不息且互有胜负。先是教皇试图利用法兰克人来对付伦巴第人。此时的法兰克人在矮子丕平的统治下渐趋强盛，至丕平的儿子查理曼 (即查理曼大帝) 时期，国力已达极盛。法兰克—教皇联盟最终消灭了伦巴第王国，查理曼如约将伦巴第国王的权力和被占领土地交还到了教皇手中。而作为交换，查理曼之子被教皇晋封为罗马国王。至此，法兰克的势力进入了意大利。此时，各大公国在法兰克和拜占庭的统治间首鼠两端。意大利南部的西西里和那不勒斯由于其所处濒海的地理位置而从属于拜占庭，即拜占庭意大利；北部意大利则多为从属于法兰克的各大公国；意大利的中部则是相对独立的教皇统治区和斯波莱托大公国，而查理曼大帝的统治中心则位于阿尔卑斯山以北的法兰克。

查理曼大帝之后，在10世纪末期德国的势力又形崛起，建立起了一个被后人讥为"既不神圣、也非罗马"的"神圣罗马帝国"。"神圣罗马帝国"的统治中心主要在德国和奥地利，"神圣罗马帝国"的皇帝亦为德国人。此时帝国皇帝对意大利的统治步骤为"先是每个皇帝在即位之后都要花九牛二虎之力使国内心怀叵测的诸侯略表归顺，才能保住皇位；然后便需带领一支部队南下意大利。先在北意的帕维亚戴上'意大利国王'的铁冠，然后再到罗马由教皇给其加冕成为'神圣罗马帝国'的皇帝"(朱龙华先生语)。当时的帝国皇帝以'意大利王'的名义控制的地区仅限于北部和中部意大利的一部分，罗马及其附近地区的"教皇国"是一个独立的领地；而南部意大利和西西里地区，不同的时期则由不同的势力范围所瓜分——拜占庭帝国、阿拉伯帝国以及法国和西班牙等王朝——此是后话。

在伦巴第和法兰克人统治期间，原先本土的意大利居民大多被排除在主流的政治生活之外。教会以及世俗的国家和封建权贵基本上都是伦巴第人、法兰克人和日耳曼人。其中，法兰克和日耳曼人在上层贵族中占优势，而伦巴第人则主要为中小贵族。至11世纪左右，伦巴第人才渐为意大利本土人所同化而被统称为"意大利人"。

此时，随着民族间的矛盾因各民族融合和同化的加剧而逐渐缓和，意大利的土地上又出现了为数不少的城市国家。城市国家的建立尽管可以有很多原因，但从古罗马时期以来就在这片土地上根深蒂固存在着的自由、平等的民主观念的深入人心无疑是城市国家产生的最重要的因素之一。城市国家的管理机构与古罗马时期的城邦管理体制有很多相似之处。譬如，它的最高机构是拥有政治权利的市民会议（即议会），其主要任务包括选举执政官、通过城市国家的章程以及对外宣战或议和等一系列对内、对外的各种事务。城市国家执政官的权限也与古罗马时期相同，有日常的行政权、司法权和军事指挥权等。

在此时期，意大利北部的米兰、帕维亚，中部的比萨、佛罗伦萨及意大利南部的那不勒斯等地都先后建立起了城市国家，尽管这些城市国家的庇护者各不相同①。

当意大利境内的各城市国家都在循着自己各自的轨道不断发展之时，平衡又一度被德国施瓦本王朝的皇位继承人腓特烈所打破。腓特烈(红胡子)在通过各种手段巩固了其在德国的统治权力后，便满怀信心地着手实现他作为世界之主的梦想。他有效地维护了对匈牙利、波希米亚、波兰和丹麦的最高主权，还要求英王和法王(这两地被他称为"行省")承认自己的最高权力。而意大利这个昔日无比强盛的罗马帝国中心的所在地，则是实行这一宏伟计划的最佳地点。红胡子为此目的曾六次南下意大利，意大利本土上原来互相争斗的各方此时由于大敌当前，又迅速地联合起来结成了伦巴第联盟(包括教皇、西西里王国及拜占庭皇帝控制地区)。红胡子对意大利的征服手段既有显示其武力的各场战争，也有对伦巴第联盟分化瓦解的

① 北部意大利城市国家大多承认在意大利本土外的皇帝的统治权，而南部意大利则从公元7世纪以来，便一直处于东罗马拜占庭帝国的庇护之下。

各种政治和外交措施，颇见成效。其子亨利在振兴帝国的决心
上也不输乃父，眼看征服意大利的目标已指日可待。孰料天不
假年，亨利在32岁时突然猝死于征讨西西里的途中。此是德国
施瓦本王朝的大不幸，却是意大利的大幸。

　　在施瓦本王朝之后，教皇又物色到了法王路易九世的兄
弟安茹公爵查理作为西西里王统治南部意大利 (包括卡普亚和
那不勒斯) ，至此权力由德国的施瓦本王朝转移到了法国安茹
王朝的手中。此时，在意大利的社会生活中，存在着三种不同
的支配因素，即教会、帝国和城市国家 (城市国家中又进一步
划分为支持教皇的归尔夫派和支持帝国的齐伯林派) 。这三种
因素此消彼长，各方视其利益情况在争斗和联合之间决定去
留，使意大利的局势充满了动荡与不定。

　　那不勒斯在经过了几届安茹王朝的统治后，渐呈破落之
势。至14世纪中期，由于安茹的各支系争斗不已，拉帮结派，
国家处于风雨飘摇之中。1343年，那不勒斯的王位被公爵查理
的女儿乔安娜所继承。尽管其父无所作为，乔安娜却是一个既
有野心，又有手腕，兼之极会享受生活的人。她先是嫁给了匈
牙利王安茹路易一世的兄弟安德烈亚，后来由于二人在权力的
归属及生活态度上的严重不和谐而使安德烈亚终遭谋杀。除
掉了心腹之患的乔安娜很快又喜结姻缘，其夫路易被封为王

爵并被授以王权。其后的那不勒斯并不平静，各种战争——匈牙利王的复仇之战以及王国间贵族的各派系之战等——绵延了数年，王国惨遭涂炭。五年后，乔安娜的第二次婚姻也由于其夫的去世而告结束。乔安娜再嫁的丈夫是西班牙人贾科莫，贾科莫死后又嫁给了德国人布伦瑞克，二者都既无爵位也无王权，而且长住国外 (想来乔安娜的平民意识可能较为浓厚)。乔安娜的儿子们都不幸夭折，最后，乔安娜所属的那不勒斯的一个安茹家族只剩下了一位男性——查理。查理在经过了一系列与法国安茹王室①和教皇的王位争夺战不果后被刺，那不勒斯其中的一个安茹家族的男性继承人拉迪斯拉斯最终控制了那不勒斯。拉迪斯拉斯掌权后，开始了向意大利中部地区的扩张行动。

由于与教皇的良好关系，他逐渐确立起了在教会国家中的权力，这些权力包括干预新教皇与罗马城市国家间的纷争；从教皇手中谋取官职等。此后，法国安茹、新教皇以及佛罗伦萨、锡耶纳等城市国家组织的同盟又与拉迪斯拉斯战争不断，那不勒斯在教廷国家中的统治最终倾圮。拉迪斯拉斯死后，其姐乔安娜 (乔安娜二世) 即位。乔安娜二世与其同

① 安茹各派支系众多，有匈牙利安茹、法国安茹和那不勒斯安茹等，而那不勒斯安茹又分为不同的派别。

名的统治者 (即乔安娜一世) 名同命运也相同，都是结婚数次而终未有子嗣以承王位。于是，在女王的养子(西西里王西班牙的阿方索)和法国安茹路易三世间为王位而征战不休，互有胜负，最后以法国安茹勒内 (安茹路易之弟) 的胜出而暂告结束。乔安娜去世后，法国安茹和西班牙的阿方索 (阿拉贡王朝) 又起争端，教皇站在法国安茹的一边反对阿方索，但战争最后的结局却不是教皇所愿意看到的。1442年6月，阿方索经水路进入了那不勒斯，成为了那不勒斯的统治者，安茹勒内离去。教皇只好同意阿方索为那不勒斯王。阿方索 (又称大阿方索) 统治那不勒斯20余年。据史书记载，他有着宽厚、和蔼和谦虚的品质，但同时在生活的铺张和用度的奢华上也不输其他帝王。为了维持王室日益庞大的开支，他的征税范围遍及教士、犹太人甚至已去世的人。他的继承人斐迪南性格阴郁，残暴凶狠，对待被他怀疑或猜忌的人非常善于用阴谋手段使其就范。他那臭名昭著的"木乃伊博物馆"[1]中的很多来源便是他用哄骗和阴谋的方法获得的。斐迪南的长子、皇位继承人卡拉布里亚大公阿方索在残暴、刻毒上还胜乃父一筹。父亲死后，他便无中生有地控告自己诚实、本分的弟弟弗雷德里克犯了叛国罪，将其逐出了政治舞台。

在相对安静了半个世纪后，1501年春法国人又卷土重

---

① 据说他的敌人在死后被做成了木乃伊陈列于此。

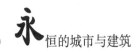

永恒的城市与建筑

来，开始进攻那不勒斯王国的疆土，法国与西班牙为那不勒斯的边界问题又起战衅。在意大利人的支持下，经过了数年的战争，西班牙人终于将法国人赶出了那不勒斯。

法国与西班牙对那不勒斯王国统治权最后的争夺产生于17世纪初，经过了一系列的骚乱、起义和战争后，西班牙还是保持住了对那不勒斯的统治权。

2. 那波里城古建筑的分布规律

那波里 (那不勒斯) 的历史建筑除了在意大利的各个城市都随处可见的教堂、广场和喷泉外，还有其独特的建筑——城堡和皇宫(图5–2)。那波里城的城堡也即是早期的皇宫，他们都兼有军事防守和社会生活的双重目的。12～15世纪时，那波里王多是由法国皇室的成员担任。在此期间那波里兴建了一批可观的建筑，城堡即是这一时期建筑的重要种类之一。至15～18世纪，那波里又转手于西班牙人，皇宫便建于这一时期。那波里的历史建筑除了极个别之外，都分布在临那波里湾附近半圆形的地区内。从西往东，主要有以下建筑分布。

(1) 普莱比斯托广场及皇宫建筑群 (图5–3)。普莱比斯托广场是那波里最大的一个广场。在广场中部，在有着圆穹顶

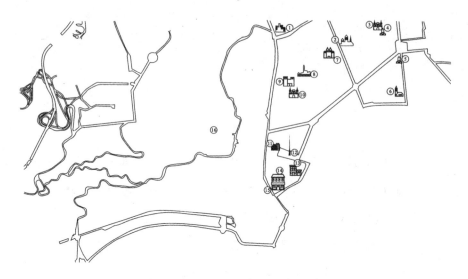

图5-2 那波里古建筑分布概览

① 国家考古博物馆

② 主教堂

③ 圣卡罗琳娜教堂

④ 坎培那桥

⑤ 诺拉娜桥

⑥ 天上圣母教堂

⑦ 圣洛伦佐·玛乔累教堂

⑧ 圣多米尼克·玛乔累教堂

⑨ 米诺瓦教堂

⑩ 圣加拉教堂

⑪ 市政宫

⑫ 市政广场和伊曼纽尔二世纪念碑

⑬ 玛斯齐奥城堡

⑭ 皇宫和圣保拉教堂

⑮ 普莱比斯托广场

⑯ 圣埃尔莫城堡

 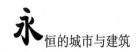

的圣弗朗切斯科·保拉教堂前的希腊神庙式的正立面两侧，围绕着与罗马圣彼得大教堂前的广场相仿的两排柱廊。普莱比斯托广场不仅是那波里市民的重要活动中心，也是展示那波里人个性的最佳场所。2005年圣诞节时，我正在那波里。夜晚的普莱比斯托广场热闹非凡，广场边的店铺里灯火通明；广场上一大群年轻人于一阵喧闹之后，终于打出了在白布上书写的标语并大喊着让我给他们拍照（因我不懂意大利语，所以至今不知标语上的内容）；一个小狗站在马路中间且吠且退，一排汽车只好一直跟在它后面蜗行，不敢超车；一个坐在公车上的少年见我肩挎相机，大叫着跳下车来请我拍照，照毕检视一番后扬长而去。两个英俊的身穿制服、肩披斗篷的意大利警察站在马路边旁若无人的高声谈笑。这就是那波里人——喜欢当众表现自我、乐观随和、追求戏剧性的效果。广场边的皇宫建于1600年，是当时的那波里总督为即将莅临该城的西班牙国王菲力普三世而建的下榻之处，由当时那波里著名的建筑师多米尼克·封塔那建造。但直至50年后，皇宫才最后完工。皇宫的平面布局大体为一长方形，临那波里湾的一面平行排列着三座东北——西南向的长条形建筑，其中的一端是呈半个"回"字型的二进闭合院落。而在皇宫的后部，则是有着四面围合庭院的小礼拜堂。皇宫的正立面为三层，分别以陶立克、爱奥尼亚和

图5-3 圣保拉教堂、普莱比斯托广场及皇宫建筑群

科林斯式的小壁柱装饰，整体形式为典型的文艺复兴阶层柱式体系。皇宫内还有宫廷小剧院、图书馆 (藏书达150余万册) 以及多幅壁画。广场前的圣弗朗切斯科·保拉教堂的建造年代较晚，是当时著名的建筑师保罗·比安奇于19世纪初兴建的。教堂的圆穹顶高53米，它的风格与形式既带有古罗马万神殿的痕迹，也有着佛罗伦萨圣十字教堂内的帕齐小教堂文艺复兴时期的某些遗风。虽然教堂的建造时间较晚，但教堂内部的一些陈

图5-4 玛斯齐奥天使城堡

设却由来已久，如祭台和圣体龛均为古代的遗物，它们都是后来分别从原址移至于此的。

(2) 玛斯齐奥天使城堡 (图5-4)。玛斯齐奥城堡建于1279年，当时法兰西皇帝的兄弟卡罗尔·玛斯齐奥被教皇任命为那波里王，他所兴建的这一城堡便以其名命名。该城堡平面大体为一梯形，四周分布着五座哥特式的塔楼。城堡的入口处为一座白色大理石建造的凯旋门，凯旋门共有四层。底层为罗马圆拱和希腊科林斯柱式的完美结合；拱门上部为精美的浮雕；二层带有柱式的圆拱上部，是当时那波里城四个枢机的雕像；最后，在凯旋门的顶端，则耸立着天神圣米尔的雕像。此外，在城堡的方形庭院内，还有一座哥特式风格的巴拉蒂纳小教堂。

图5-5 市政广场

  (3) 市政广场及市政厅 (图5-5)。市政广场平面为一个狭窄的长方形,它的东面是玛斯齐奥堡,广场的西部尽端坐落着市政大厅。在一片浓密植被的覆盖下,整个广场犹如一个美丽的大花坛。花坛中央,耸立着1870年意大利统一后的国王伊曼纽尔二世的纪念铜像。市政府大厦又称贾克莫大厦,建造的时间较为晚近 (19世纪初),那是一座四面围合的公寓式大厦。大厦庭院内,有一座与大厦同名的贾克莫教堂。贾克莫教堂的建造时间远远早于大厦,是在1540年建成的,教堂内有精美的大理石陵墓和多幅名家的绘画。

  (4) 圣加拉教堂 (图5-6)。该教堂建于1310年,为圣方济各会和隐修女修会共用的教堂,它也曾是当时那波里的宗教中心。圣加拉教堂的平面形式为一个简单的长方形,在这一长方

图5-6 圣加拉教堂内景

形的一端，建有一个方柱形的钟楼。教堂的大通廊长82米，高45米，两侧有10个小堂环绕。该教堂被认为是那波里哥特式建筑的最高典范。在教堂附近，还建有一个用彩色瓷砖和美丽壁画装饰的环廊庭院。此外，教堂还是那波里著名的王家墓园，安葬着多位法籍的那波里统治者。

（5）圣多米尼克·马乔累教堂。马乔累教堂是一座具有哥特式风格的美丽建筑物，教堂的平面为一带双檐的长方形，钟楼位在正立面一侧。在教堂内部，由白色大理石夹金色条纹组成的两排肋柱、层层尖拱和教堂尽头的华丽祭坛，共同组成了该教堂那典雅、轻柔、迷离的氛围。教堂旁边是一个与教堂同名的广场，广场中央树立着一座建于1656年的巴洛克式的尖塔，广场周围还有几座分别建于15～16世纪和18世纪的公寓式大厦环绕左右。

(6) 圣洛伦佐·马乔累教堂。该教堂建于13世纪中叶，整个教堂就是一部那波里建筑历史的教科书。它留下了各个时代不同的建筑风格，从古希腊到18世纪的建筑风格都在此有所表现。首先，在教堂的庭院里，有发掘出的古希腊、古罗马的道路和商店等遗址；其次，教堂的前身还是一个早期的基督教堂；再次，教堂本身又是13世纪时的建筑物，教堂的钟楼却建于16世纪；最后，在18世纪时又由当时著名的建筑师费迪南多·桑非里切建造了教堂的正立面。此外，教堂内亦有多幅名家的壁画。

(7) 加尔默罗圣母教堂。那波里同名的教堂共有两座，建造年代较早的一座 (建于14世纪) 是典型的哥特式风格。在教堂方院的后部，耸立着尖峭的哥特式钟塔。另一座建筑年代较为晚近的教堂又称"新教堂"，它的建筑形式则以巴洛克的风格为主。

(8) 主教堂 (图5-7)。主教堂建于1200～1300年间，是那波里城的宗教中心，那波里城的主保圣人圣詹纳罗的遗体便保存于此[①]。主教堂的平面布局形式为一拉丁十字，圆形的洗礼堂位于十字袖廊的一侧。主教堂正立面的建筑风格以哥特式为

---

① 意大利的很多城市都有其本城的宗教圣人，称为"主保圣人"，这些圣人都是历史上曾为该城做出过巨大贡献的宗教人士。通常，这些圣人都有一些"神迹"呈现给信徒，如那波里的主保圣人圣詹纳罗的神迹便是"化血"。"化血奇迹"每年出现两次，即9月19日和5月的第一个星期六，其间装于一个玻璃瓶中的圣人的血块可在信众面前化为液体。

图5-7 主教堂

主，同时还间有文艺复兴建筑的某些元素。教堂内部的通道长约100米，有100多根花岗石的巨大立柱树立其中。主教堂内院尚有多处古罗马时期以来的重要建筑，主要有建于4世纪的圣莱蒂斯图塔小圣堂，底座有古希腊遗物的洗礼泉，有大量13～14世纪壁画装饰的米奴托洛小圣堂和托考小圣堂等。

　　除了上述那些围绕那波里湾的著名历史建筑外，还有位于那波里城中心的圣埃尔莫城堡 (图5-8) 和位于桑塔露琪亚港的蛋城堡。圣埃尔莫城堡位于市中心的圣玛尔蒂诺山丘上，约建于1329年。城堡的外层是一圈护城壕，在四周环绕的高墙之间，建有两座方形的塔楼。城堡的平面布局形式为一个拉长的星形，这种形式曾在之前的军事防御建筑中被大量地运用。城堡内有广场、古老的监狱和圣埃尔莫教堂。桑塔露琪亚港湾附近的蛋城堡是在原来古罗马人的建筑上兴建起来的，可能原为古罗马贵族的一座别墅 (图5-9)。后来经过历代的不断整修和加建，至14世纪时这座宏伟的建筑便颇具规模了。城堡之所以被称为"蛋城"，是因为传说中的诗人兼巫师维尔齐被葬于该城地下的一个魔蛋中 (若此蛋破碎，将会给城市带来灾祸)。蛋城堡内的建筑还有更早期的塔楼、教堂和连拱廊，现在那波里的史前人类博物馆也设在这里，馆中收藏有4000多件史前人类的文物。此外，在那波里城北部山丘上的圣德勒撒山上的国家考古博物馆也是那波里的重要建筑，它建于18世纪时，可能是世界上收藏古希腊、古罗马和古埃及出土文物最齐全的博物馆之一 (图5-10)。2005年，该博物馆以及罗马卡彼托林博物馆、罗马文明博物馆、罗马市区博物馆、罗马帝国广场博物馆和庞贝博斯科瑞博物馆等联合拿出了部分展品在古城西安举行了汉长安与古罗马东西方文明比较展。其展品包括古罗马的黑陶器、瓦檐饰、建筑构件、青铜水筏、大理石盛水器以及各种

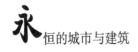

恒的城市与建筑

图5-8 圣埃尔莫城堡

图5-9 蛋城堡

图5-10 国家考古博物馆

题材的雕塑和壁画等。

综上所述，那波里的古建筑分布具有如下的规律。

(1) 大部分古建筑都沿着半圆形的那波里湾成散点状分布，如蛋城堡、皇宫和普莱比斯托广场、玛斯齐奥堡及市政广场、圣加拉教堂、圣多米尼克·玛乔累教堂、圣洛伦佐·玛乔累教堂、主教堂以及加尔默罗圣母教堂等。位于城中心小山丘上的建筑则有圣埃尔莫城堡。

（2）那波里城古建筑的始建年代大多为13世纪以后。如建于13世纪左右的建筑有圣洛伦佐·玛乔累教堂，玛斯齐奥城堡和主教堂；建于14世纪左右的有加尔默罗圣母教堂，圣多米尼克·玛乔累教堂建筑群，圣加拉教堂和圣埃尔莫城堡等；而建于17世纪以后的则有皇宫、普莱比斯托广场和圣弗朗切斯科·保拉教堂；此外，那波里城古罗马时期的建筑只有少量分布，其表现形式为个别教堂中遗留的小堂或建筑残迹等（如在主教堂内的圣莱斯提图塔小圣堂和圣洗小教堂，二者约建于公元4世纪）。由此可见，在中世纪末期的13世纪至文艺复兴时期后的17世纪，是那波里城主要的发展时期之一。

（3）那波里城的现代建筑（大多为平顶、较高层的密集建筑群）目前是城中建筑的主体部分，这也反映出那波里城的大发展时期是在较为晚近的时期。

3. 那波里城的建筑风格和城市布局

那波里城的建筑风格具有如下的特点。

（1）哥特式风格的建筑。这些建筑的建造年代大多为13～

14世纪时，如玛斯齐奥城堡 、多米尼克·玛乔累教堂、加尔默罗圣母教堂、圣加拉教堂、圣洛伦佐·玛乔累教堂和主教堂等。

(2) 希腊式和巴洛克式风格的建筑。这些建筑多始建于16世纪以后，如皇宫、圣保拉教堂以及普莱比斯托广场的柱廊 等。

之所以那波里哥特式建筑较多，原因是那波里在12～15世纪时，处于法国的统治之下，此时期的那波里王多是由法国王室的成员担任。由于法国是哥特式建筑风格的发端之地，所以那波里此时期的建筑风格及形式也以哥特式为主。而在15～18世纪，那波里又转手于西班牙人，故那波里此时期的建筑风格又以地中海区域的建筑风格为主。

目前那波里的城市布局形式多为依地形的高下布设建筑物。那波里不仅高层建筑物较多且密度较大，其间穿插着各类古建筑和各个教堂。城市的街道大多非常狭窄，只有邻那波里湾的一些大街还相对宽阔一些。整个城市无序布局的情况较为严重。高矮不齐的建筑物多为平顶和双坡屋顶。

1. 写意庞贝

大巴在一路蜿蜒穿行于那条著名的阿玛尔菲海岸公路后（图6-1），终于将那波里和青灰色的维苏威火山甩到了身后，抵达了美丽的苏莲托小镇。"看这山坡旁的果园，长满黄金般的蜜柑，到处散发着芳香，到处充满了温暖。"《重归苏莲托》的旋律还在我的心中回荡，而我已身在苏莲托了。苏莲托的美是一种朴素、淡雅、温馨的美，就像一个典雅的仕女在清晨推窗而妆那样充满了宜人的清新。狭窄的街道两旁，有着一排排独具特色的小商店；街心的小广场中，开满了如调色板一般绚烂怒放的各色鲜花；山坡上在浓密的橄榄树（意大利的橄榄是世界上品质最优良的橄榄。意大利橄榄与西班牙和法国产的橄榄相比，果实较小。压榨出的橄榄油以其气味非同寻常的浓郁和芳香享誉世界。笔者曾在锡耶纳扇形广场旁的小店铺中买了几小瓶，用了之后深感效果不凡) 和柠檬园掩映下的小教堂里，传来了悠扬的钟声；高低错落的石板小街尽头，往往就是一座梦中的庭院。就连路边停放着的一辆辆汽车，都犹如玩具般的设计精致、轻灵小巧。到了苏莲托，就像给疲惫的心灵洗了一个热水浴那样，使人周身都充满了酣畅。如果说蒙地卡罗是一个急不可耐地露富的暴发户的话 (图6-2) ，苏莲托便是一个家世源远的贵族，永远都有着一份气定神闲的从容。然而，我们不幸都是苏莲托的匆匆过客，无缘在这个美丽的桃花园中停留。

到庞贝时已是下午了。庞贝废墟的总面积可达60公顷，现在发掘出的只是其中的一部分。提起庞贝，就不得不说到维苏威火山。维苏威火山是现在欧洲大陆惟一的活火山，它是一万两千多年前由于地壳运动而形成的。除了79年的那次大爆发外，其后还有472年、993年、1038年、1500年、1631年和1906年的几次强烈喷发。在79年8月24日，维苏威火山的大爆发使庞贝结束了它的繁荣，也使得庞贝的历史在那一刻凝固成了永恒。"9月开始前的第九天，天际出现了一朵巨大奇异的彩云，"当时的历史学家小普林尼正好亲眼目睹了维苏威的暴

图 6-1 阿玛尔菲海岸

图6-2 蒙地卡罗大酒店

图6-3 庞贝遗址

虐，这样写道。由于这次维苏威火山的爆发，使得庞贝被埋在了30英尺滚烫的泥石流和火山灰下。直至1748年的首次发掘，才使得这个有着2万人口的欣欣向荣的商业港口重见天日 (图6-3) 。庞贝在1世纪以后才成为罗马人直接管理的一座重要的城市，并进而成了罗马富豪避暑的首选。而在此之前，它一直是一座希腊的殖民城市，完全处于希腊文化影响的范围之内。它的发掘，向我们清晰地展现了2000多年前庞贝人的生活状态。

庞贝的建筑主要为1世纪时期的，但也有一些是较早的公元前2世纪左右的遗存。如果说罗马城主要是古罗马时期公

共设施的博物馆，那么庞贝则主要为古罗马时期 (包括之前的数百年) 各种民用建筑的大展台。除了神庙、剧场、公共集会所、浴场和会堂外，庞贝大量的民居也由于维苏威火山的威力而得以较为完整地保存了下来。不仅如此，庞贝及附近地区所留存下来的壁画也给庞贝这座古代艺术的大展台平添了不少丰富的内容。据朱龙华先生介绍，庞贝的壁画按照目前学术界公认的分期法，在从公元前2世纪到公元79年的200多年间共出现过四种风格。其中的两种风格一为贴面风格，即用色彩在墙上画出大理石的镶板贴画。另外一种壁画的风格是用古典柱廊结构作画框分割墙面，然后在框内的空间用透视法画出房屋楼阁以及仪典和人物等。这种形式的壁画装饰，颇有"墙上开窗，远眺风光"的古罗马意韵。

我们在庞贝的导游是一个和善的意大利老先生，在领我们参观庞贝的同时，也在不断地谈着足球和家人，一如朋友间拉家常，十分随意与温馨 (图6-4)。

2. 庞贝的建筑

庞贝废墟不仅规模较大，而且街道曲折回环。我因为赶时间，只好在其中飞跑，难免挂一漏万。大体看来，它的

图6-4 庞贝的意大利导游

建筑形式大概有以下几种。

关于神庙。最著名的有阿波罗神庙、维斯巴芗神庙和丘比特神庙等。阿波罗神庙因有一座弹奏着齐特拉琴的阿波罗雕像而得名，所有的神庙现在只有一些石柱残存。但从这些残柱中，仍可清晰地推见到这些神庙当时的希腊式建筑风格。

关于公共集会所 (图6-5) 。庞贝的公共集会所是城市的商业、宗教和政治中心。它的两侧是由高大的陶立克柱式组成的美丽柱廊，中心部分是一个四边布设着圆柱的讲台。圆柱是由一截截的小圆柱叠合而成，柱身刻有竖向的凹槽。现两侧的柱廊根据文物保护中"可识别性"的原则进行了修复，从图中可见到柱子原来的红砖部分和其后修复的白色灰泥部分有着明显的界限，庞贝所有古建筑的修复均遵从着这一原则。

图6-5 庞贝公共集会所

图6-6 方形会堂

关于方形会堂 (图6-6)。庞贝的方形会堂是用来处理法律和商业事务的场所，它是庞贝最宏伟的建筑之一。方形会堂约建于古罗马早期。约在4世纪以后，它的建筑风格便被刚刚合法化的基督教所吸收，成为了其后中世纪欧洲教堂和大教堂布局的标准模式。古罗马的方形会堂又称"巴西利卡"，其外立面布设有柱廊，这使它与古希腊的神庙形式有着很多的相似之处。方形会堂的内部为一长方形的大厅，四围有厚厚的高墙。

关于别墅。庞贝遗留下来的别墅主要有小爱神之家、维提之家和玄妙别墅。小爱神之家是由科林斯柱式以及其上的楣梁组成的入口和后部幽静的带有柱廊的庭院组成的建筑群 (图6-7)。院内高大的椰子树、形如火炬的托斯卡那杉树以及庭院中碧绿如茵的草坪展示出了一幅动人的田园景观。维提之家是一座布局规整、建筑考究的美丽别墅 (图6-8)，别墅的中庭四周围绕着高大整齐的柱廊，并有喷泉和各种景观小品点缀其间。玄妙别墅最为豪华，别墅中精致的马赛克地面和大厅中与真人一般大小的精美壁画，昭示着别墅主人昔日的辉煌与奢华。壁画中庞贝女子的时尚装束，还启发了18世纪巴黎妇女的新式发型。

关于民居和街道。庞贝遗留下来的大量建筑还有那些拥挤的众多民居和那些狭窄的、石板铺砌的街道 (图6-9)。庞贝

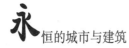

图6-7 小爱神之家

图6-8 维提之家

图6-9 庞贝的街道

的民居住房大多为双坡屋顶，墙体均由大小不一的碎石堆砌而成。庞贝的街道整齐划一，方向明确。街心和路缘均用石块铺地，一些路中间还铺设有大石块以备下雨时路人横过之用。

关于市场 (图6-10)。这些市场的形式与古罗马的市场建筑如出一辙。在被分隔成一间间的长方形房间外，是带有方砖柱和罗马拱的外立面。这些房间在白天可作为店铺出售货物，晚上亦可将其作为货品存放的仓库。

图6-10 庞贝市场

图6-11 庞贝的尖耳瓶和火山灰人壳化石

在庞贝遗址中，还有大量的尖耳陶瓶和陶瓮。其用途可能一为盛水的器具，二为存放橄榄油的器皿。此外，一些已成为化石的人壳，也向我们展示了火山爆发那一刻人们的各种状态 (图6-11) 。

至于庞贝社会生活中不可或缺的一部分——卫生设备，则可以斯塔比亚家的浴室为其代表。该浴室分为冷水区、热水区和凉水区三部分，使用者可根据各自不同的需求来随时调节。虽然庞贝浴室的功能和设施与罗马城的卡拉卡拉和戴克里先等大型浴场不可同日而语，但考虑到当时庞贝的人口只是罗马城人口的1%，因此能拥有这样的卫生设备已是非常先进的了。

此外，庞贝的圆形剧场还是意大利较为古老、保存最完好的古罗马剧场。庞贝附近的波塞冬镇 (又译彼斯顿) 的波塞冬神庙 (即海神庙) ，也是庞贝地区希腊化时期保存得最为完整的希腊式神庙，其完好的程度大大超过了雅典的巴特农神庙。

综上所述，我们不难复原两千多年前庞贝人生活的清晰画卷。

(1) 庞贝人有着较为活跃的社交生活。庞贝的圆形剧场不仅保存完好，而且设施完善。庞贝的公共集会所也建筑精美，规模可观。这些都为庞贝人提供了进行社交聚会的良好条件

(庞贝的平民阶层由于居住空间相对窄狭，所以户外活动亦是他们日常生活中的必要内容)。

(2) 庞贝人的精神生活也较为丰富。在一个人口只有2万人左右的小城中，就有着至少三座神庙 (阿波罗、维斯巴芗和丘比特神庙) 和一座方形会堂。同时，这些希腊式的神庙和罗马式的方形会堂表明了庞贝人不同时期的信仰状态。

(3) 庞贝人有着较为丰富和充足的物质条件 (尽管当时社会的贫富差距也较大)。这从庞贝遗址中发掘出来的规模不小的市场以及带有浴室、花园和喷泉的豪华别墅中可以清楚地反映出来。砖、大理石、马赛克等高级建筑材料的大量采用，表明当时的庞贝人已拥有了较为丰富的物质基础和较为先进的工艺制造水平。而这一切可能大多得益于庞贝当时发达的商业和贸易。此外，从庞贝别墅的大量壁画中，亦可看出当时庞贝人的时尚与富足的程度。

七

海边的珍珠
——比萨

1. 比萨掠影

托斯卡那地区是意大利最美的地方。公路旁绵延起伏的一座座绿色丘陵，犹如一个个美丽的盆景——锥形的托斯卡那杉树，伞盖状的地中海松树，大片结满了金黄色果实的橘园，还有那薄薄凉凉的12月特有的地中海式气候。与南部那波里的拥挤和喧嚣相比，托斯卡那地区的城市更像是一首首含蓄、隽永的小诗，充满着宜人的温馨和轻松。

比萨是一个海港城市，距海只有10多公里，流经佛罗伦萨的阿诺河便是在这里入海的。比萨确切的建城年代虽然尚不可考，但它在公元前1世纪时的"布匿战争"中加入了罗马人反对天主教的联盟，此后成为了罗马帝国的一个繁荣的殖民地却是较为确凿的事实。7世纪时，比萨成为了一个重要的港口。约在10世纪前后，比萨先后战胜了热那亚、阿玛尔菲和威尼斯，变成了一个地中海的强国，也从此迎来了比萨城的大发展时期。由于航海活动和对外贸易的发达以及与撒拉森人 (今阿拉伯人) 长期的海上较量，使比萨的城市国家体制很早就摆脱了封建制度的束缚而迅速地完善和发展起来。此后，与另一邻邦强国热那亚的战争与联合，便构成了比萨中世纪时期历史的主要内容。比萨和热那亚之间除了 (城市) 国家间的对抗外，比萨城内部的归尔夫派和齐伯林派也处于不断的争斗之中，这也是该时期意大利境内所有城市国家的通病，如此直至文艺复兴时期。

与佛罗伦萨的美第奇家族一样，皮萨诺家族是推动比萨城的经济和艺术发展的大功臣。天才的尼古拉·皮萨诺及他的儿子乔万尼和迪坎比奥 (佛罗伦萨圣母百花大教堂的设计者之一) 为比萨的发展作出了巨大的贡献。皮萨诺家族创立了比萨的第一所大学 (它同时也是世界上最早的大学之一，其数学系和物理系是由其后的伽利略创立的)。由于比萨雄厚的国力和皮萨诺家族的倡导，这一时期的比萨开始建造了使它至今还声名远播的纪念性建筑，而比萨的斜塔、主教堂和洗礼堂这"三件套"则是其中最著者。

图7-1 比萨主教堂的拉丁十字结构

2. 主教堂

这座比萨罗曼式风格的艺术杰作的主体部分始建于1063年，其立面的形式便是现在的样子，它是在当时的建筑师布切托的指导和设计下建造的(图7-1)。它的平面布局为拉丁十字，两个大袖廊分列两边，其上覆盖的大圆穹完成了整个建筑物的统一。主教堂的正立面分别有五个大拱和三个精美绝伦的铜门，最早的那座铜门是由波那诺建造的。在中间铜门的镶板上，刻有圣母玛利亚的生平，而在门的其他两面，则雕有基督的生平。

在教堂内部，高大的科林斯式柱支撑、分割着教堂的内部空间，教堂中舱内的镂空天花板和袖廊上装饰着马赛克画(带着棘冠的基督)的天花板使得教堂的空间既不呆板又充满了动感。主教堂内的祭坛是又一个引人注目之处，祭坛是14世纪初由乔万尼·皮萨诺设计的。他的形状是一个圆形基座上的六边形，而其他上面刻有狮子的柱子，则代表着四种基本的美德。

3. 洗礼堂

洗礼堂高55米，直径为35米，始建于1153年，但一个世纪后才全部建成(图7-2)。洗礼堂是在尼古拉·皮萨诺等天才建筑师的指导下，才最后完成了这个融合了各种建筑风格的杰作。洗礼堂四周共有四个门，直接面对教堂的那座门是正门。在洗礼堂内的中央部分，是那个给人印象深刻的洗礼器。洗礼器旁，则是尼古拉·皮萨诺在13世纪雕刻的祭坛。洗礼堂的整体建筑既有希腊式和早期罗曼式的风格——如底部的罗马拱和希腊式柱头；也有着明显的哥特式要素——如门拱上方外露柱廊上的三角形檐线(此为建筑师的首创)；最后，其上的穹顶又有着古罗马万神殿的痕迹。

图7-2　洗礼堂细部

4．斜塔

比萨斜塔被称为世界七大奇迹之一，斜塔始建于1174年，完工于1350年，是由波那诺·皮萨诺 (皮萨诺家族成员) 设计的 (图7-3) 。斜塔高56.70米，底部直径为15.48米，内径7.37米。斜塔中空，可以登临。斜塔入口的门楣上方雕有圣彼得和圣约翰像，底部各面装饰着浅浮雕。斜塔的中间部分被分为六层，每层都有哥特式风格的拱柱所环绕。顶部的钟楼被一系列的拱柱所分割 (与底部的拱柱相对应) 。钟楼上悬挂着七口钟，每口发出的声音都不相同。伽利略那个著名的重力实验就

图7-3 比萨斜塔

是在此塔上做的。

数世纪以来，斜塔每年都以1毫米的速度倾斜。20世纪90年代以后，为了防止塔的继续倾斜，文物保护专家们采取了向塔基的一侧(反倾斜的一侧)浇注混凝土并用钢绳牵引的办法来加固其基础，据说至今效果还不错(图7-3)。

比萨教堂建筑"三件套"的形式依次为：罗曼式的主教堂、罗曼与哥特式风格的洗礼堂和哥特式风格的斜塔。

八

山上的明珠
——锡耶纳

1. 锡耶纳一瞥

在冬日托斯卡那湿润、清凉的空气中，顺着蜿蜒起伏的山路，汽车终于进入了锡耶纳的市域地区。在经过路边的锡耶纳城检查站并交纳了入城费之后，我们才踏上了锡耶纳的土地。锡耶纳位于河流之间的一片小山丘上，城边的大道下，便是潺潺的清流。顺着大路曲折而上，道路的尽头，便出现了一座古老、斑驳的城墙。城墙建于中世纪，基本上保存完好，是锡耶纳历史的一个重要见证 (图8–1)。

最早的有较为确切记载的锡耶纳曾是恺撒大帝的一个军事殖民地，当时称为"锡耶纳·朱利亚" (朱利亚是恺撒家族的姓)。在12世纪初，锡耶纳才成为了一个自由的城市。这个

图8-1 锡耶纳城墙

城市由于有了发达的陆路交通 (修建了连接法国与锡耶纳的道路网)，进一步促进了其贸易和经济的发展而成为了一个强盛的城市国家。锡耶纳的历史，是与佛罗伦萨紧密相连的。历史上，锡耶纳与佛罗伦萨间的战争构成了自中世纪后期以来锡耶纳历史的主要内容。

在经过了与佛罗伦萨互有胜负的不断战争后，锡耶纳还先后被法国和西班牙人所统治，直至16世纪中期。在接下来的几个世纪中，锡耶纳又成为了托斯卡那大公领地的一部分。直到1859年，锡耶纳成为了首先加入意大利王国的托斯卡那城市。

锡耶纳的整个城市，都是围绕着其中心的扇形广场而呈圈层状环绕的。城市的每条细窄的古老街道，都能最终到达扇

形广场。

2. 扇形广场

扇形广场不仅是锡耶纳的心脏，其形状在世界上也是独一无二的。广场建于13~14世纪，周边环绕着市政厅、市政博物馆和圣玛利亚教堂等锡耶纳重要的标志性建筑物。由于地形的关系，广场本身是倾斜的。砖造的广场就像一扇打开的贝壳那样，层层汇聚于广场的中心 (图8-2) 。在广场的最低处，便是那座给人印象深刻的市政厅塔楼，又称曼琪亚塔，塔的形状与佛罗伦萨大公广场旁的市政厅塔极为相似。锡耶纳之受佛罗伦萨的深刻影响在此可见一斑 (图8-3) 。

3. 圣玛利亚教堂

教堂的建设历经两个世纪之久(1150~1376年)，其原因是因为与佛罗伦萨的数次战争而屡有中断。教堂的平面布局形式为纵长的拉丁十字，由于教堂建筑的时间较长，它也因而相应地具有了不同的风格——从罗曼式、早期哥特式直至晚期哥特式。如教堂内的圆棱柱与柱间拱和穹拱，就带有明显的

图8-2 扇形广场

图8-3 锡耶纳市政厅及塔楼

图8-4 圣玛利亚教堂

图8-5 圣玛利亚
　　 教堂内景

早期哥特式的风格。而罗曼式的建筑要素，则反应在中舱尾部的设计上 (如罗曼式的圆窗)。教堂正立面的底部为粉红和绿色大理石相间的哥特式的圈拱门 (与巴黎圣母院的拱门相类) 和拱门之上哥特式的三角檐线 (又与比萨洗礼堂上的檐线相似)，是由乔万尼·皮萨诺建造的。其上的玫瑰窗的周围，是代表着锡耶纳的4个布道者和36个主教及预言家的石雕胸像 (图8-4)。

教堂内的高大拱柱是由绿色和白色大理石相错而成的，地板则是由56位艺术家分别制作的56块活动镶板。这些镶板只在每年的8月15日到9月15日之间开启，下藏有许多艺术品，包括米开朗琪罗、伯尼尼、多那泰罗等文艺复兴和巴洛克艺术的数位大师的雕塑作品(图8-5)。教堂内的祭坛是由皮萨诺家族的数位艺术大师共同完成的，他们是尼古拉·皮萨诺和他的两个儿子乔万尼和迪坎比奥。祭坛的基础为八边形，上竖九根柱子，护板上雕有基督的生平故事及预言家和天使。教堂高大的钟塔建于14世纪初，是由乔万尼建造的。它的外立面镶有独特的黑白相间的大理石的条纹。钟塔共有六层，从下往上券门的数目依次递增，从下部的一个券门直至顶部的五个券门。另外，钟塔顶层的哥特式尖顶也使得该建筑的整体风格更为明显。

图8-6 洗礼堂内景

4. 洗礼堂

洗礼堂建于1317～1325年，与教堂的建筑风格相同。洗礼堂的下面为教堂的墓室，中部放置着一个早期文艺复兴艺术的杰作——洗礼坛。洗礼坛由多那泰罗等人设计，呈六边形的盆状，每边都带有一个铜质的镶板 (图8-6) 。

锡耶纳教堂建筑的"三件套"——主教堂、洗礼堂和钟楼的建筑风格，大多为罗曼式和哥特式风格的融合之作。例如，它的主教堂和钟楼均为哥特式，而洗礼堂却为罗曼式。至于市中心广场旁市政厅的高塔，则有着文艺复兴式的建筑风格。从教堂"三件套"的建筑形式和建筑风格上，可清楚地看出佛罗伦萨的巨大影响。虽然锡耶纳在建筑形式上受佛罗伦萨的影响至深，但它也有着自己的特点。譬如，它的建筑"三件套" (主教堂、洗礼堂和钟楼) 的布局形式就与佛罗伦萨的不同。佛罗伦萨(包括比萨)的洗礼堂在主教堂的前面，而锡耶纳的洗礼堂却位于主教堂(圣玛利亚教堂)的后部；佛罗伦萨的钟楼(乔托钟楼)在面对着洗礼堂的主教堂的一侧，而锡耶纳的钟楼却位于主教堂的一个袖廊上方的位置等。

　　此外，托斯卡那丘陵地区很多城市的布局形式都是围绕着城市中心的广场、市政厅及教堂的"三件套"而呈圈层状依山而建的，如卢卡、锡耶纳和格罗斯托等城市。这些城市由于受地形的影响和限制，规模一般都不大。它们都有着狭窄的街道和街道两旁3~5层中世纪以来的古老房屋。每条不见天日的、形如蛛网状的小街最终都能通向城市中心的广场。

九

大唐魅影
——西安

1. 西安的城市布局和古建筑格局

西安市位于北纬34° 10′ ～34° 25′、东经108° 47′ ～109° 10′之间的关中平原中部，渭河以南的河流二级阶地上，是举世闻名的历史文化名城。市区 (建成区) 总面积1100多平方公里，人口350余万。今西安城是以明旧城为基础，向东、西、南三面逐渐扩展而成的，城市轮廓大体呈一"T"字型。其中，位于城市中心的明旧城区和城关一带为全市商业和服务中心及省市机关所在地。而在西安的城东、城西、东北、西南郊及浐河以东的原下，则分布着西安市的主要工业区。西安市的古建遗存大体可分为三类，即：地面建筑、地表遗址和地下部分。

(1) 地面建筑。这部分古建筑的数量约有数十处，且多分布于明旧城的范围 (即今城圈内) 和城市的南部。主要有钟楼、鼓楼、两座清真寺、碑林、城墙及城门、大雁塔和小雁塔等。大多建于明代 (或在明以后被修复) 。

(2) 地表遗址。西安地表遗址数量较多，约有二十余处 (有些后被复原) ，这些遗址在城市的西部 (有汉太液池遗址、汉建章宫遗址、汉长安城遗址、秦阿房宫遗址和唐长安城宫城南墙遗址等) 、北部 (有唐大明宫含元殿遗址和麟德殿遗址、唐太液池遗址、唐丹凤门遗址、唐梨园遗址、唐玄武门遗址、元安西王府遗址、元斡儿朵遗址等) 及南部 (有唐明德门遗址、唐天坛遗址、唐木塔寺遗址等) 均有分布。而在城市的东部，则分布着一些经后来部分复原重建的青龙寺、兴庆宫公园及半坡博物馆等。此外，城内零星分布的还有几处新石器时代的遗址如朱家崖新石器遗址、鱼化寨新石器遗址等。

(3) 地下部分。此部分遗存除位于城南郊的汉宣帝杜陵外，基本上都分布在渭河两岸关中平原乾县以东的地区，计有秦陵一座、汉陵11座、唐陵18座。其中，秦陵和汉陵大多分布在西安附近渭河两岸地区，而唐陵则主要位于沿北山山脉一线的丘陵地带 (图9-1) 。在11座汉陵中，除了文帝霸陵 (今西安市白鹿原边莫灵庙南) 和宣帝杜陵 (今西安市南郊甘寨村北)

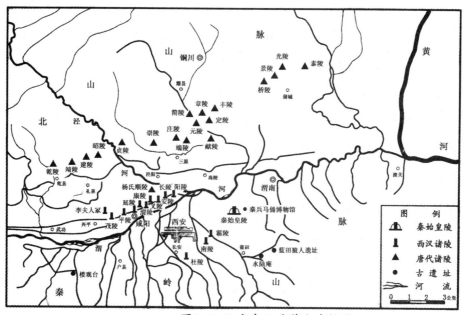

图9-1 汉唐帝王陵墓分布格局

(资料来源：马正林：《古今西安》，陕西师范大学出版社，1986年)

在渭河以南外，其余9个皇帝的陵墓均分布在咸阳原上。从西向东依次为：武帝茂陵 (兴平县豆马西北) 、昭帝平陵 (咸阳市南刘村东北) 、成帝延陵 (咸阳市马家窑东) 、平帝康陵 (咸阳市大寨村东) 、元帝渭陵 (咸阳市新庄北村南) 、哀帝义陵 (咸阳市南贺村南) 、惠帝安陵 (咸阳市白庙村南) 、高帝长陵 (咸阳市怡魏村南) 和景帝阳陵 (咸阳市穆家村北) 。除上述九座汉陵外，还有后陵和很多陪葬墓。唐陵的分布则在东起蒲城，经富平、三原、泾阳、礼泉直到乾县的北山山峦一线，唐朝的18位皇帝 (除此之外还有一个葬于河南的偃师县，一个葬于山东的定陶县) 均葬于此。有高祖献陵 (三原县徐木乡永和村) 、太宗昭陵 (礼泉县东北九嵕山) 、高宗和武则天的乾陵 (乾县西北的梁山)、睿宗桥陵 (蒲城县西北的丰山)，此外还有中宗定陵、玄宗泰陵、肃宗建陵、代宗元陵、德宗崇陵、顺宗丰陵、宪宗景陵、穆宗光陵、文宗章陵、宣宗贞陵、懿宗简陵等 (图9-1)。

2. 西安古建筑的形式特点

根据对西安古建筑 (地面建筑部分) 的分析，可知其具有下述的特点。

(1) 在屋顶形式上，中国古建筑至唐代已发展到了顶峰，各种建筑形式和结构类型已基本具备，其后均无大的变化。因此，西安现存的古建筑 (大多为明代之后) 一般都属于从唐以来就奠定的基本类型，有四角攒尖式 (钟楼)、重檐歇山式 (鼓楼和城门) 以及佛教建筑中的密檐式 (小雁塔) 和楼阁式 (大雁塔。虽此塔始建于隋，盛于唐，但今塔的外层却是明时重修所成) 等形式。

(2) 在结构形式上，明代的木构建筑与唐代的相比，最大的不同主要在于斗拱形式的变化。自宋元以来，木构中的斗拱形式渐从唐代的雄大、出檐深远、以单跳为主而变为秀巧玲珑、出檐较小和以多跳为主。颜色也从唐代主要的黑、白、灰

色而变为以青、金、绿色等为主的基本色，且斗拱的修饰繁复，基本上不作为承力构件。此外，明代的砖鬆技术也较普遍地应用在城墙、城门等重要建筑的修筑上 (如西安的城墙及其上的城门)。

(3) 在建筑群的布局形式上，与唐代相比并无大的区别，仍是以院落式的布局为主，但廊院式早已为合院式所代替。这从明代遗留至今且保存较为完整的西安西大街化觉巷的清真寺和大学习巷清真寺中可明显看出。虽然清真寺中的主体建筑如邦克楼等为伊斯兰式的建筑形式，但其院落的形式则有着典型的地方特点——多重院落式的布局形式。如化觉巷的清真寺就有着四进院落，其主体建筑多分布于各进院落的中心位置，四围则绕以碑亭、经堂等。大学习巷清真寺的布局与此略同。

3. 唐长安城印象和住宅格局

唐代的长安城是当时世界上的一个奇迹。首先，它有着极为严整、精密的城市规划，这种城市规划的完善和有序令当时很多有着悠久历史的永恒之都都无法望其项背。其次，其规模宏伟、外观壮丽的城市建筑此时达到了木构建筑的顶峰。举凡屋顶形式、木构结构、单体建筑和组群布局形式，都达到了中国古代建筑最完善的程度。这个建筑的顶峰是如此的高大，以至于其后的各代都无法超越，而只能略作修改和补充。

唐代长安城的城市规划布局和城市建筑之所以有如此的发展和建树，原因可以是多方面的。例如，它有着深厚的历史渊源。这从成书于春秋时代的《周礼·考工记》中便可以寻觅到当时的人们对于理想的城市布局模式的企望。它也有着得天独厚的自然环境。关中平原那肥沃丰饶的土地和润泽的清流足以使庞大的城市人口居有屋和食有"鱼"。此外，唐以前中国近千年建筑形式的不断发展和完善，亦为唐长安的形成奠定了雄厚的基础。但是，所有这些原因都只是唐长安形成的必要条件，而非充分条件。那么，它的充分条件是什么呢?这就是——人的精神和自由的意志。

无论是唐代的经济状况和社会价值观，还是唐代人对于生活的享受与娱乐方式，甚至是唐代的时装 (图9-2)，都无一不向我们表明了当时的唐代是一个怎样"手执铁板铜笆，高唱大江东去"的激越时代。在这个"前无古人"的辉煌时代中，人们敢于思想、敢于张扬自我和表现自我、敢于创新和求异。因此，如果说唐长安的出现是有着丰厚的文化土壤的话，那么唐代人的精神就是灌溉这个土壤的肥沃养料。在这种双重因素

图9-2 唐代仕女 (姜小军摄
于西安大唐芙蓉园仕女馆)

的催生下，才产生了唐长安这朵建筑与城市规划的艳丽奇葩。

　　唐代长安城共分为109坊 (图9-3) 。除了布设在城北部高敞之地的宫城与皇城、东北部的大明宫、东部的兴庆宫和东南部的曲江池以及在城市的东西方向各占二坊之地的东市和西市外，其余各坊住宅的分布基本上遵循着"东贵西富"和"南虚北实"的规律。"东贵西富"即随着宫室格局的变化和唐中央政治中心的东移 (唐开元时，唐玄宗由大明宫移入兴庆宫。从此，兴庆宫便成为此时期的政治中心。此后，至唐肃宗以后的各朝又以位于城市东北的大明宫作为其政治中心。大明宫和兴庆宫均在城市的东半部——一为东北、一为东) ，使得官吏和贵族的住宅也不断地由城市的西部向东部转移，这种布局形式愈到后期就愈明显。而城市的西部除了大量平民的住宅外，

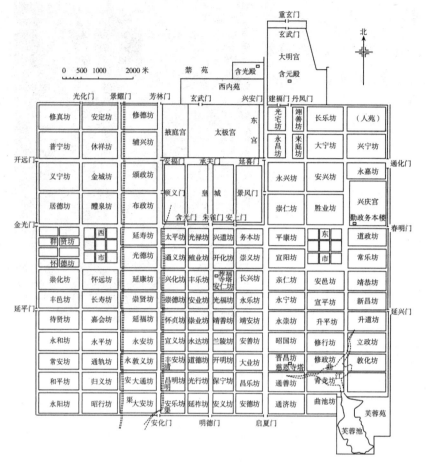

图9-3 唐长安城复原

(资料来源：马正林：《古今西安》，陕西师范大学出版社，1986年)

不少富商巨贾的宅邸也多建于此，故而为"东富西贵"。至于"南虚北实"现象形成的原因，一方面是因为唐长安城在设计上将宫城、皇城、市场及主要的交通线路等均布设于城北，而人们为了生活之便纷纷将自己的住宅选择于城市的北部；另一方面也由于唐长安的规模宏大，城市的土地资源相对丰富，故城市的南部住宅的分布也较为稀疏。

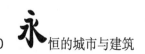

4. 唐长安城的建筑形式和布局

唐代长安城的建筑类型根据已恢复的和有较为确切参考的建筑部分，大略可分为：宫廷建筑——包括皇宫内苑等一些重要的殿堂建筑；城市建筑——包括市政设施如城门等建筑以及民居建筑等。值得指出的是，虽然同类建筑物的建筑形式共同点较多，但不同建筑类型的建筑形式间也互有交叉与相同之处。现根据有关专家对唐代长安城大明宫内的麟德殿、含元殿和唐长安城明德门、玄武门及重玄门的复原情况以及绘画、出土明器中发现的民居形式，对其各类建筑形式所呈现出的特点作一分析。

(1) 关于屋顶形式。无论是殿堂建筑 (含元殿和麟德殿) 还是重要的城市建筑 (城门)，其屋顶都以庑殿顶为主要形式 (图 9-4～5)。庑殿顶即为《周礼·考工记》中记载的四阿形式，外观为五条脊把瓦顶分割为前、后、左、右四大坡，使雨水可从四面排泄。含元殿即是重檐庑殿 (实际上是加了一匝副阶)；在麟德殿的建筑群中，顺南北向主轴线串联排列的三座大殿——前殿、中殿和后殿，亦均为庑殿顶；而明德门与玄武门和重玄门的区别，则主要是规模的不同。如明德门为5门道，玄武门和重玄门则为单门道。但各城门其上的建筑屋顶都

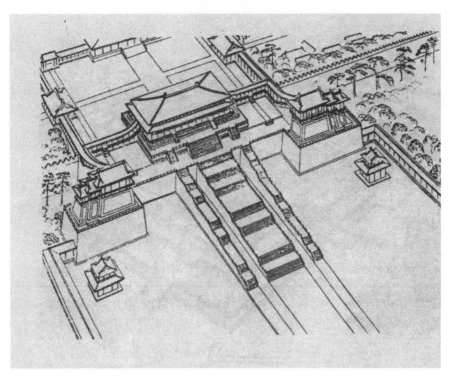

图9-4 含元殿复原鸟瞰

(资料来源：侯幼斌、李婉贞：《中国古代建筑历史图说》，中国建筑工业出版社，2002年)

相同，为单檐庑殿顶。歇山顶则主要见于殿堂建筑中的附属建筑物——阙以及贵族宅第内的楼阁建筑等形式中。如唐含元殿前的翔鸾和栖凤二阙，便均为重檐歇山式。这种形式在西安的仿唐建筑——大唐芙蓉园的正门及两翼的阙楼中可非常直观地看出。此外，在寺庙等宗教建筑中，庑殿和歇山顶也被较多地采用。如至今仅存的唐代木构建筑——山西五台山的南禅寺与佛光寺的屋顶就分别为歇山和庑殿。

(2) 关于开间形式。殿堂建筑 (含元殿和麟德殿) 和城市建

 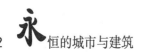

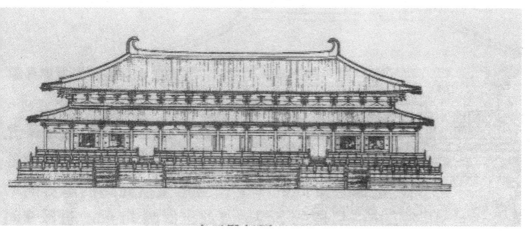

图9-5 含元殿复原立面

(资料来源：侯幼斌、李婉贞：《中国古代建筑历史图说》，中国建筑工业
出版社，2002年)

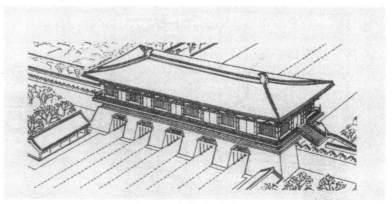

图9-6 唐长安明德门

(资料来源：侯幼斌、李婉贞：《中国古代建筑历史图说》，中国建筑工业
出版社，2002年)

筑(城门)的面阔都较宽，且多以11间为主。如含元殿的面阔为
11间(不包括副阶2间)；麟德殿的三大殿内，虽然其进深各不
相同(依次为4间、5间和6间)，但其面阔均为11间；唐明德门

的面阔亦为11间 (图9-6) 。显示出唐代的重要建筑宏大、敞丽的时代特点。此外，唐代殿堂建筑的面阔形式主要有两种，即明间大而左右各间小或各间的间距都相同。

(3) 关于建筑物的布局形式。殿堂建筑群的布局形式一般遵从中轴对称 (多为南北轴线)、均匀布局的原则 (图9-7) 。如唐含元殿的平面布局，中间为长方形的主殿，两侧对称分布着两阙，整体布局为一"冖"型。而从麟德殿的发掘平面图中可知，位于南北向主轴线中的三大殿两侧，还对称分布着西亭和东亭，西廊和东廊以及结邻楼和郁仪楼等。若是单体建筑，则大多为以建筑物的轴线为中心，两翼对称布局。这也就是唐代建筑物的结构形式一般面阔均为单数的原因 (一间作为中心，两侧间数相等) 。

至于唐代的其他建筑 (主要是民居建筑) ，则有着下述的特点。

(1) 在建筑的形制和规模上等级分明，故自由发挥的空间十分有限。在《唐六典》中对建筑的规模限定为："凡宫室之制，自天子至于士庶，各有等差。天子之宫殿皆施重拱藻井，王公、诸臣三品以上九架，五品以上七架，并厅厦两头，六品以下五架。其门舍，三品以上五架三间，五品以上三间两厦，六品以下及庶人一间两厦。五品以上得制鸡头门 (在古建筑

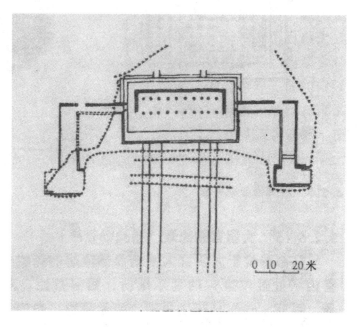

图9-7 含元殿复原平面
(资料来源：刘敦桢：《中国古代建筑史》，
中国建筑工业出版社，1984年)

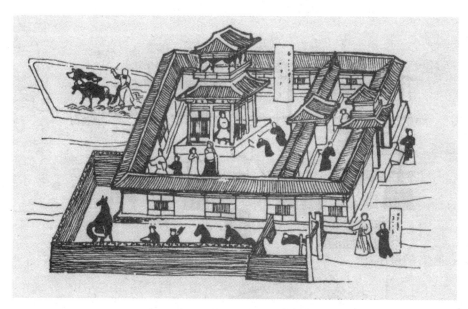

图9-8a 敦煌壁画中的唐代住宅

图9-8b 敦煌壁画中的唐代住宅

(资料来源：刘敦桢：《中国古代建筑史》，中国建筑工业出版社，1984年)

中，每宽深两个方向的四根柱子包围的空间称一间。间之宽为面阔，间之深为进深)。"

(2) 在屋顶形式上，悬山式的屋顶占了相当大的比重。这方面的证据可在敦煌莫高窟的壁画 (图9-8) 、王休泰墓出土的陶院落和展子虔的《游春图》中得到证实。此外，在一些贵族和高官的豪宅中，也间有一些歇山式的屋顶形式出现。

(3) 在结构形式上，从图9-8中可看出，民居建筑的斗拱大多为一斗三升形式。即坐斗上横安正心瓜拱一道，拱上安三

个槽升，上托正心枋。斗拱间的补间铺作 (阑额上坐栌斗所安的铺作称为补间铺作) 均为"人"字型，这也是唐代建筑的一个明显的特征。

(4) 在住宅院落的布局形式上，唐代院落的布局形式大体有廊院式和合院式两种。一般廊院式在唐前、中期较为普遍，而合院式则大多出现于后期。廊院和合院布局的具体形式有主院为前后两进 (亦有三进及以上进数的) ，且主要建筑一般布置在宽阔的内院中，如主屋、楼阁等。主院的侧翼有些还建有附院，一般设有马厩或球场等附属建筑。主院的大门既有单层，也有双层，均为悬山式屋顶。廊院与合院都是封闭式的院落形式，不同的是廊院周围是回廊环绕 (在唐代回廊多采用直棂窗的形式，此种形式具体可参见大唐芙蓉园南面"九天门"周围的唐代廊院复原) ，而合院周匝则以廊屋代替回廊组成封闭的住宅单元。由于住宅具有一定的规模，尤其是达官显贵的住宅更是如此，所以在院落中布设园林、营造景观就成为一种时尚。据研究，当时在长安城的官吏贵绅之家中，在宅第中营建园林的就占了50%以上。

附录：遗址保护的基本思路和方法

这方面卓有成效并颇具代表性的成果可以汉阳陵的遗址保护措施为例。汉阳陵是西汉第四位皇帝景帝刘启与王皇后同茔异穴的合葬陵园，总面积大约20平方公里，为我国政府批准公布的全国重点文物保护单位。

汉阳陵属于典型的北方帝陵陵园大遗址类型。其主要保护对象为土遗址及遗址出土的彩绘陶俑、陶器、铁器、铜器以及动物骨骸与木质彩绘遗迹等有机质文物。这些经过发掘的文物除了人为的毁损因素外，其破坏还主要来自发掘暴露后温湿度的剧烈变化、失水干燥、风化、紫外线辐射、霉菌、尘埃、虫害等因素的影响。针对这种情况，汉阳陵的有关部门利用国际遗址保护的准则与理念和有关的先进技术，在此遗址采取了多种的保护与展示手段。① 根据文物分布的情况，征用土地约2平方公里，使得重要文物遗址区域得到了严格有效的管理和保护；② 建设保护性的建筑或构筑物对遗址进行保护与展示；③ 通过植被或其他材料对已探明的遗址进行地面标识显示；④ 对经过考古发掘的遗址进行保护性覆土回填，采取原址平行上移式的做法进行遗址复原展示；⑤ 对位于帝陵一侧重点敏感区域的外藏坑，利用全埋式地下建筑的形式以及采用

特殊玻璃全封闭的保护展示方式。

    总之，汉阳陵的遗址保护理念和技术思路可大致概括为以下两点。① 在建筑设计上为保护遗址风貌，弃宏大而就"无形"(无地面建筑形象)，将博物馆设计为全地下建筑，有效地防止了现代建筑对于古迹遗址环境所造成的干扰和破坏。② 对于大面积的外藏坑遗址，模拟原始的遗址环境数据，努力为遗址创造一个尽可能接近发掘前的原始环境，采用防腐金属结构和某种特殊玻璃材料对作为保护对象的遗址进行全面封闭。它既可以起到封闭屏障的作用，从而有效地改善遗址文物的存储环境，也为人们近距离地欣赏或研究文物遗址提供了极大的便利。已有的检测结果和观察数据表明，这种封闭保护方式取得了良好的保护效果。尤其是对于控制遗址的温、湿度，防止虫害、尘埃和大气污染，减少紫外线辐射和有害霉菌的侵蚀等方面更是效果明显。

心灵的顿悟
——关中古塔

从小桥流水人家的委婉细腻，到山区民居的自然淳朴，再到北方院落的大气凝重；从儒家建筑的中规中矩，到道家建筑的自由不羁，再到佛家建筑的空幻迷狂，特色鲜明的各地民居、建筑造就了历史悠久的中国建筑文化。

中国古代建筑文化博大精深、源远流长，它以其广阔的包容性和顽强的继承性成为东方建筑文化中最显著的独立系统。我们不可否认的是，产生这种优秀建筑文化的民族是非常不简单的。两千多年来，这个民族不知道经历过多少次思想上、宗教上、政治组织体系以及文化上的交流与碰撞，更有多少次与强大的外来民族有过直接的或者间接的，平和的或者激烈的接触，不管这种接触表现在思想上还是最直接的种族利益上。即便如此，中国古代的建筑文化依然能顽强地繁衍生息，经久不衰，并且流传分布区域广阔，实在是一桩值得研究的事情。

中国的古塔建筑是一项延续了两千多年的工程技术，它本身已经造就了一种艺术体系。更为重要的是，这些古塔建筑中不乏优秀的作品，其精深的建筑文化更是我们这个民族灿烂文化的一种表现，同时这些建筑本身也是我们一项重要的文化遗产。

古塔建筑在中国古代建筑文化中占有很重要的作用，也是当今中国大地上遗存最多的古代建筑。相比其他的建筑类型如民居、会馆、道观等来说，其在数量上和文化内涵上都具有显著的优势，为我们进行中国古代建筑文化以及佛教文化的研究提供了最可靠、最直接的依据。不仅如此，古塔作为一种文物和文化遗产，在我们今天的建设中也具有很大的现实意义：其深层次的建筑环境生态观为今天我们的城市建设提供了借鉴；许多旅游区及风景名胜区中都少不了古塔的身影，比如西安市大雁塔唐文化广场便是以大雁塔为中心展开布局的；有些古塔还在城市景观中充当标志性建筑的角色，增强了城市天际轮廓线的质感。

关中地区自古为文化发达区，也是重要的佛教发展传播区，因而在古代建造佛塔的数量较大。虽然经过千年的自然和

人为因素的破坏，但其遗存古塔的数量却并不为少数。关中地区遗存古塔的数量，经过笔者对相关文献资料的整理和2004～2005年对关中地区部分古塔的实地考察，大致约为124座。其中，唐塔16座，占到全国遗存数量的将近1/6，宋塔21座，明清时期的塔87座。这些遗存古塔不但相对于其他区域遗存古塔来说具有浓厚的地域特色，而且在其区域内部也呈现出很明显的地域差异性，因而具有重要的研究意义。

1. 关中地区的自然条件和人文环境

本文所述的"关中地区"位于陕西省中部，包括西安、宝鸡、咸阳、渭南、铜川五个行政市管辖区的全部。西起宝鸡，东到潼关，南依秦岭，北至黄龙山、子午岭。在东经106° 18′ ～110° 37′，北纬33° 35′ ～35° 50′ 之间。总面积达55384平方公里，约占陕西省总面积的26.7％。

关中地区主要由三种地貌组成：中部渭河平原区，南部秦岭山区和北部黄土塬梁沟壑区。气候上属于大陆性季风气候区，暖温带半湿润半干旱气候带，冬冷夏热，四季分明，雨热同季。这些自然条件决定了关中地区独有的建筑风格：以民居而论，房屋多用单层仰瓦为顶，用土坯作墙，只在外墙基和墙肩砌砖；由于黄土具有强烈的黏合性，民居也有结合窑洞形式的；房子多有半边盖的习惯，厢房则用单坡顶，这样的房屋不但节省材料，而且可以防盗，保证了居住的安全；围成的四合院只在中间留有很小地块的"天井"。这种建筑形式，反映了关中居民内向含蓄的心理。

正是有了优越的自然条件，才决定了关中地区浓厚的文化底蕴。历史上曾经有十三个王朝或政权在此设置都城。先秦时期周人便以善于经营农业而逐渐强大，最终灭殷商而立国。西汉时期关中地区包括都城长安和其周围的三辅地区——京兆尹、左冯翊和右扶风及弘农郡西部地区，在政治、经济、文化上相对比较发达。当时政府曾迁六国贵族及汉初功臣、富豪之家于西汉陵墓周围的陵县定居。以后又迁二千石以上官员或兼并之家于诸陵，使关中县邑相望，人口密集，富家遍野。在隋唐时期，长安再次作为全国的首都，其政治、经济、文化都得到了空前的发展。特别是自西晋时期佛法传入长安以来，佛教在以长安为中心的关中地区取得长足的发展，隋唐时期成为全国佛教的中心。尽管随着唐代的灭亡，以西安为中心的关中地区失去了以往的历史光芒，但作为战争延绵的西北边塞与民丰物足的中原和西南地区交往的枢纽地带，它在军事上的地位依然举足轻重。直到清朝末期，有着"泾原商人"之称的泾阳、

三原两县商贾，在商场上的活跃程度足以证明该地区所起的枢纽作用和相对的繁荣。

2. 关中地区遗存古塔概论

关中地区是中华文明最早的发祥地之一，也是人类文明史上最发达的区域之一。其区域内自然环境优越，人文积累浓厚，历史上曾经是十三朝古都的所在地。特别是有唐以来，佛教的发展和传播更是以此区域为基础涉及全国。关中地区现在遗存古塔的数量，根据资料整理和实地考察暂定为124座，特别是遗存唐代古塔16座，为中国唐塔遗存的主要区域，占到全国遗存唐塔的将近1/6，因而在佛教建筑特别是佛塔建筑上具有重要的研究价值。不仅如此，关中地区古塔文化还表现在后期佛塔的儒化、道化和世俗化上。这些古塔的类型，对于古塔文化既是一种继承，更是一种发展和创新。关中地区现有遗存明清时期的古塔87座，属于儒化、道化和世俗化的古塔就有30座。其中最主要的是文峰塔和风水塔，总计有26座之多，主要集中在韩城市、蒲城县、澄城县、合阳县周围。因此，对关中地区遗存古塔的分布地域、形制结构、规模、性质以及文化内涵等方面进行分析，探寻其在地域分布上的独特性和规律性，可为今后关中地区甚至其他地区古塔的研究、保护与开发提供重要的参考。

　　关中地区遗存古塔数量，根据《中国文物地图集·陕西分册》(下)的记载、2004～2005年笔者的实地考察统计补充情况以及赵克礼先生的研究，大概为124座（图10-1）。其中遗存唐塔有16座，占到全国遗存唐塔数量的近1/6。由于关中地区唐代曾作为全国的佛教中心地之一，佛教文化十分发达，先后有天台宗、三论宗、法相宗、华严宗、律宗、禅宗、净土宗和密宗发源、传播于此地，因此研究关中地区唐代遗存古塔具有重要的意义。

　　此外，关中地区遗存宋金时期的古塔有21座，其余87座当为明清时期的遗存古塔。在明清时期的遗存古塔之中，又有佛塔性质的古塔57座，包括25座和尚墓塔，道士塔4座，文峰塔以及风水塔26座。对明清时期遗存古塔数量的统计，有一个小问题需要说明：在这些遗存古塔之中，一些明清墓塔经过笔者实地考察证实已经被破坏，但因为这些墓塔都为块石套雕而成，其基本的结构零件尚存在于原地的周围，因而对其基本结构仍可认知，故此将其收录在整个资料之中。例如，宝鸡凤县是明清墓塔主要的分布区之一，其境内的二道沟僧人墓塔已经在前些年被盗墓分子所破坏，在2005年5月经过作者实地考

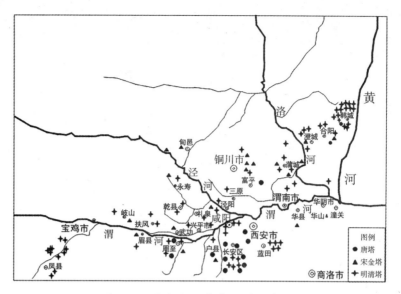

图10-1 关中地区遗存古塔分布

察，尽管石塔的整体性已经被破坏，但其石雕塔刹、塔身仍散落在周围地区，一处塔身上雕刻的佛教神话故事图案仍清晰可见，据此可以判断整座塔的结构特征。

3. 关中地区遗存唐塔的地域特征及其研究价值

唐代广泛吸收外来文化，使得佛教在此时得到了很大的发展，期间所建造的佛寺及佛塔数量很多，分布地域也很广。然而，由于建造年代久远，建筑技术的不甚完善以及自然灾害的影响，还有许多人为因素的破坏，致使中国大地上遗存至今的唐塔亦不多见。据张驭寰先生的研究，当今中国境内遗存唐塔有几个集中地："一是中原一带，以河南嵩山为主，保存唐塔有十余座。二是关中一带，保存唐塔也有十数座

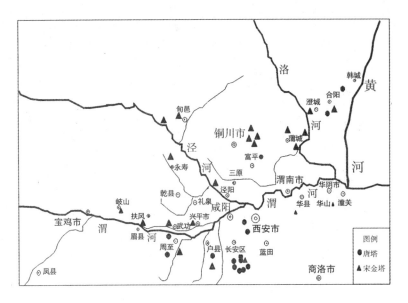

图10-2 关中地区遗存唐、宋、金时期古塔分布

之多。三是山西一带，也保存唐塔有十数座。四是云南大理下关一带，保存有南诏时代的塔八九座。五是北京房山一带，有唐塔十数座。"由此推测唐代古塔的遗存数量大概有百座。可见关中地区是唐塔遗存的主要地区之一，而对于关中地区唐塔遗存的具体数量，赵克礼先生认为能确定下来的有13座（图10-2），另有5座值得再考证核实。由此看来，关中地区遗存唐塔占到了全国数量的将近1/6。更为重要的是，关中地区在唐代是全国政治、经济、文化的中心，其形制当为唐代古塔建制的代表，因此关于该地区唐塔地域特征规律的研究，对于研究唐代古塔具有重要的意义。

关中地区现存唐塔的数量，根据《中国文物地图集·陕西分册》（下）记载统计为21座。赵克礼先生认为其中有13座确定为唐塔，5座值得商榷，另外3座不是唐塔。今笔者经过仔细的对比研究以及2004～2005年的实地考察，将遗存唐塔数目暂定为16座 (表10-1)，将《中国文物地图集·陕西分册》（下）中定为唐塔的兴平清梵寺塔和礼泉香积寺塔定为宋塔，而将另外3座古塔——高陵三阳寺塔、富平法源寺塔、富平圣佛寺塔定为明清时期古塔。关中地区遗存唐代古塔中比较有名的有户县鸠摩罗什塔、大雁塔、小雁塔、长安圣寿寺塔、长安二龙塔。

表10-1 关中地区遗存唐代古塔统计

塔名	别称	层数	塔高(米)	形制	位置	塔刹	备注
大雁塔	慈恩寺塔	7	64.517	方形楼阁式砖塔	西安市雁塔区雁塔路	釉陶宝葫芦	轴心偏离
小雁塔	荐福寺塔	15(残存13)	43.94	方形密檐式砖塔	西安市碑林区友谊西路	两层相轮宝珠	塔刹上两层毁
圣寿寺塔	应身法师圆寂塔	7	29.5	方形楼阁式砖塔	西安市长安区五台乡	相轮八角铁刹	木梯毁
杜顺禅师塔	无垢净光宝塔	7	22.88	方形楼阁式砖塔	西安市长安区申店乡	宝瓶式	损毁较重
二龙塔		7(残存6)	18.65	方形密檐式砖塔	西安市太乙宫镇	塔刹流失	损毁严重
善导塔		13(残存11)	33	方形密檐式砖塔	西安市长安区郭杜镇	未知	供养塔
净业塔		5	15.12	方形楼阁式砖塔	西安市长安区郭杜镇	宝瓶式	损毁较重

塔名	别称	层数	塔高(米)	形制	位置	塔刹	备注
玄奘灵塔	三藏大遍觉法师塔	5	21	方形楼阁式砖塔	西安市长安区杜曲	宝瓶式	灵塔
窥基灵塔	大法师基公塔	3	6.76	方形楼阁式砖塔	西安市长安区杜曲	宝瓶式	灵塔
鸠摩罗什塔	八宝玉塔		2.47	亭阁式玉石塔	西安市户县草堂营镇	须弥座仰覆莲	价值很高
仙游寺法王塔		7	34.65	方形楼阁式砖塔	西安市周至县马召乡	残存未知	
八云塔		11	35.74	方形密檐式砖塔	西安市周至县二曲镇	残毁未知	
蒲城南寺塔	慧彻寺塔	11	36	方形楼阁式砖塔	渭南市蒲城县城关镇	宝瓶式	
百良塔	圣寿寺塔	13	29.7	方形密檐式砖塔	渭南市合阳县百良乡	残毁未知	
罗山寺塔		9	29.97	方形楼阁式砖塔	渭南市合阳县平政乡	残毁未知	顶层毁
万斛寺塔		7	26.7	方形楼阁式砖塔	渭南市富平县峪岭乡		

资料来源：国家文物局：《中国文物地图集·陕西分册》（下），西安地图出版社，1998年；2004～2005年实地考察资料；赵立瀛：《陕西古建筑》，陕西人民出版社，1992年；赵克礼："陕西唐塔遗存考实及历史地理价值研究"，载《考古与文物》，2006年第1期；赵克礼："陕西现存宋代古塔考"（上、下），载《文博》，2005年第5～6期。

户县鸠摩罗什塔位于西安市户县草堂镇草堂营村草堂寺内，属于八角亭阁式石塔。塔由八色大理石及玉石分段拼雕而成，又称"八宝玉石塔"。高2.47米。塔共12层，1层圆盘状，沿盘面浮雕须弥山及佛、兽等。以上几个层次均呈圆形，依次雕水波、二重流云、水波、流云。上托八角塔身，雕出倚柱、板门、直棂窗及阑额等。塔顶为四角攒尖式，雕出椽头、屋脊和瓦垄。塔刹由须弥座、受花、仰覆莲及圆宝珠构成。塔刹受花以上已被后世改动。

　　大雁塔位于西安市雁塔区雁塔北路南端大慈恩寺内，属于方形7层楼阁式砖塔，塔内中空（图10-3）。始建于唐永徽三年 (652年)，时为方形5层，武则天长安年间改为7层，五代时又进行修葺。明万历年间对残破的塔身加砌砖面。塔通高64.517米，底层边长25.5米。塔身仿木结构，以砖隐出倚柱、阑额，将壁面分作5～9间，其中1～2层为9间，3～4层为7间，5层以上为5间。倚柱各承栌斗一朵，其上叠涩出檐，砌菱角牙子，每层当心间辟券门，内设方形塔室。塔顶平砖攒尖，置釉陶宝葫芦塔刹。该塔造型庄重雄厚，风格简朴，是唐代楼阁式塔的代表作。

　　小雁塔位于西安市碑林区友谊西路东段大荐福寺内，属于方形15级密檐式砖塔。始建于唐景龙年间，明成化二十三年

图10-3 西安大雁塔

(1487年) 和嘉靖三十四年 (1556年) 发生的地震使得塔顶坠毁，塔身中裂。现残存13级，残高43.94米，底层边长11.38米。塔身单壁中空，底层较高，二层以上高度逐层递减，整体轮廓呈自然缓和的梭形曲线。层间叠涩出檐，砌两排菱角牙子。底层南北辟券门，以上各层南北均开券窗。底层青石门楣上线刻天人供养图案以及蔓草装饰，第5~11层南券窗两侧有方形小塔各一座，是唐代早期密檐式塔的代表作。

长安圣寿寺塔，又名应身大士圆寂塔，位于西安市长安区五台乡沟口村南山沟圣寿寺内，属于方形七级楼阁式砖塔（图10-4）。通高29.5米，底层边长7.5米。塔身1、3、5、7层南北两面和2、4、6层东西两面辟券门，层间以砖叠涩出檐，施两排菱角牙子。2层以上壁面作仿木结构，每面三间，以砖隐出倚柱、阑额及斗拱。塔顶平砖攒尖，置七圈铁质相轮，上

图10-4 长安圣寿寺塔
(资料来源：赵克礼："陕西
唐塔遗存考实及历史地理价值
研究"，载《考古与文物》，
2006年第1期)

覆八角攒尖式铁刹。塔内原有木梯登临，已毁。该塔造型与唐
总章二年(669年)修建的兴教寺塔相近。

　　长安二龙塔位于西安市长安区太乙宫镇温家山村东南(图
10-5)，属于方形七级密檐式砖塔。现损毁严重，残存6层，残
高18.65米，底边残长7米。塔身底层较高，二层以上锐减，每
层南北两面辟券门。层间叠涩出檐，砌两排菱角牙子。塔内原
有木质楼梯，清末毁于兵火。塔刹流散在塔北1.5公里处，块
石雕成，平面呈方形，四层雕出圆形宝顶。

　　基于以上的资料整理情况，可以总结出关中地区遗存唐
塔具有以下的特征：

图10-5 长安二龙塔
(资料来源：赵克礼："陕西
唐塔遗存考实及历史地理价值
研究"，载《考古与文物》，
2006年第1期)

从地域分布上来说，关中地区遗存古塔与全国其他地区
相比，具有明显的优越性，而且在其区域内部也存在很大的差
异性。

关中地区总面积约占全国总面积的0.0058%，但遗存唐塔
数量比较多，有16座，大概占到全国遗存唐塔的近1/6。可见
关中地区确为我国唐塔遗存的中心区域之一，在遗存唐塔研究
上具有重要作用；另一方面，关中地区遗存唐塔的分布在其内
部也存在很大的地域差异性。这些塔主要集中在西安市和渭南
市，其中西安市市区和南部终南山地区共12座，占到85%；渭
南市4座，占到15%，其他地区暂时还未有确定的唐塔。

出现这些情况的最主要原因正如前面所说的，西安在唐
代是全国的首都，社会政治、经济、文化极为发达，同时也是

全国最重要的佛教中心，因而大量佛塔的建造也在情理之中。据张晓红的研究，魏晋南北朝时期关中地区佛教发达区为"包括长安在内的关中东部地区"，其发达程度表现为"佛教的各项指标均占到全省总数的80％～90％"。到了隋唐时期，天下归于一统，政治稳定，经济发达，佛教也呈现出连续发展的兴盛状态。由于当时长安是国都之所在，故长安仍然为佛教重镇，"这一时期承续南北朝以来佛教发展的势头，加上国家在物质与文化上的支持，长安迅速由北方佛教中心上升为全国佛教中心"。在关中地区，佛教又可分为"关中平原区"和"终南山地区"两个主要区域。关中平原区在当时是陕西乃至全国佛教最发达的地区之一，而终南山地区虽不如关中平原区发达，但其发达程度仍然远远高于陕西其他地区。从以上遗存唐代古塔的地域分布情况来看，与这种情况是基本吻合的。

从古塔的结构特征来看，除户县鸠摩罗什塔以外，关中地区遗存唐塔主要有以下几个特点。①15座全部为正方形的塔身。②主要类型有楼阁式和密檐式两类。其中，楼阁式10座，密檐式5座，分别以大雁塔和小雁塔为代表。③塔体结构有厚壁中空式和实心式两种，分别以大雁塔和玄奘法师塔为代表。④塔身一般较高。其中，最高的是大雁塔，高度为64.517米；最低的是长安兴教寺窥基塔，高6.76米；其余各塔即便在顶部损毁的情况之下，高度也在18～45米之间，并且塔身第一层一般较高，这也是唐塔的普遍特点。⑤各塔塔檐在处理上均采用平砖叠涩出檐的方法。先平砖叠涩数层后，再作反叠涩收回，其下砌作菱角牙子1～3层。有的在平砖下直接砌作菱角牙子的，比如法王塔；有的在菱角牙子中间再作平砖的，如大雁塔、小雁塔、二龙塔等，这种做法在其中占大多数。⑥塔面装饰以简洁朴素为主，加上高大的塔身，整体上给人以端庄稳重的感觉。有两种基本形态，其一是塔身素面或者以砖隐出倚柱、阑额，柱头上无斗拱或者只隐出柱头座斗，如大雁塔、小雁塔、善导塔等；其二是塔身以砖砌出倚柱、阑额、昂，并在倚柱上作一斗三升斗拱的，如玄奘塔、杜顺塔、圣寿寺塔等。在已确定的遗存唐塔中，很少发现有作补间铺作的塔面装饰，这也是唐塔建筑的一个特点。⑦塔身上券门、券窗的设置，也呈现出很大的特点。有14座唐塔均在底层南面正中辟券门，只有1座只在底层北面正中辟券门，那就是周至八云塔。根据券门、券窗的设计情况可总结为以下四种情况。第一种为只在底层南面正中辟券门，有杜顺禅师塔 (图10–6) 、玄奘灵塔 (图10–7) 和窥基灵塔 (图10–8) 。第二种为底层正中辟南券门，以上均只辟南券门或南北券门的，有小雁塔、二龙塔、法王塔和净业塔。第三种为底层正中辟南券门，以上各层或部分层东、西、南、北四面均辟券门或券窗，有大雁塔、善导

永恒的城市与建筑

图10-6 长安杜顺禅师塔   图10-7 长安兴教寺玄奘灵塔

(图10-6和图10-7的资料来源：赵克礼："陕西唐塔遗存考实及历史地理价值研究"，

载《考古与文物》，2006年第1期)

塔、百良塔和万斛寺塔。第四种为底层正中辟南券门或南北券门，以上隔层交错辟券门或券窗，比如2、4、6层东西辟券门券窗，则3、5、7、9层南北辟券门券窗，并在券窗两旁饰卧棱窗或直棱窗，也有的塔并不是以上每层都辟券门券窗的，只在下面几层装饰有券门券窗的，有圣寿寺塔、八云塔、慧彻寺塔、罗山寺塔。⑧在塔顶部分的处理上，除了残存未知的小雁塔、善导塔、二龙塔、法王塔、八云塔 (图10-9) 、罗山寺塔、百良塔外，其余各塔均为塔顶平砖攒尖，上置宝瓶式塔刹或铁质塔刹，做法比较细腻。

唐代是佛塔发展的成熟时期，因为唐代佛教取得了很大的发展，所以修建的佛塔数量也很多。从形制上来看，关中地区遗存唐塔均为方形，其重要原因在于"早期之塔模仿木结

图10-8 长安兴教寺窥基灵塔　　　　图10-9 周至八云塔

(图10-8和图10-9的资料来源：赵克礼："陕西唐塔遗存考实及历史地理价值研究"，
载《考古与文物》，2006年第1期)

构，平面多做方形"。高大的塔身与唐代的佛教文化和社会经
济发达有关，正因为佛教发达，为了表达对佛的虔诚，所以建
造高大的佛塔，非高不足以表其虔诚也。而社会经济的发达又
为建造高大的佛塔提供了可能，唐代长安作为国都，聚集着大
量的皇族和达官贵人，佛塔的建筑大多与他们有关。"(天宝
元年) 七月十二日，敕内侍赵思品，求诸宝坊，验以所梦，入
寺见塔，礼问禅师，圣梦有孚，法颜惟肖，赐钱五十万，绢千
疋，助建修也。"这是修建安定坊千福寺塔的一个例子，所用
钱五十万、绢千疋的资金并非一般人能够提供的。

　　塔身装饰素洁简朴是唐塔的普遍特点。据张驭寰先生研

究，"塔身一般不作雕刻，所用斗拱很少"。其主要装饰是通过叠涩出檐和菱角牙子来体现的，并在2层以上塔身逐渐收分，曲线优美。至于塔身各层券门券窗的设置，也呈现出很强的地域特色。关于券门券窗的设计，张驭寰先生认为"仅在第一层开塔门，其余各层很少开门窗。纯楼阁式塔，则层层都有门窗"。从现存唐塔来看，除了杜顺禅师塔、玄奘灵塔和窥基灵塔仅在南面中心辟券门外，其余12座不管楼阁式还是密檐式，以上各层都饰券门券窗。关于券门券窗的设计，早期唐塔一般设计为四面均饰券门券窗或者只在相同的两面设置，或全部是东西方向的，或全部是南北方向的，没有隔层交错的情况出现，这对于佛塔的坚固性是非常不利的，因而后期唐塔一般都将券门券窗隔层设置，这样就增加了佛塔的稳固性，是佛塔建筑技术的一大进步，也是区分唐塔早晚期的一个重要标准。

4. 关中地区遗存宋金时期古塔的地域特征

关中地区遗存宋金时期的古塔按《中国文物地图集·陕西分册》（下）的记载有宋塔17座、金塔4座。赵克礼先生认为眉县净光寺塔当为唐塔，宋塔有15座，另外2座金代蒲城海源寺塔和长乐宝塔也具有宋塔特征，对其余3座《中国文物地图集·陕西分册》（下）涉及的古塔未曾考证。今作者经过比较研究，认为宋金时期遗存古塔为21座 (图10-1，表10-2)。其中，眉县净光寺塔应为宋塔，把其余3座中的韩城市圆觉寺塔定为清代佛塔，因为其在"明嘉靖三十四年十二月 (1556年1月) 华州地震毁坏，清康熙四十一年 (1702年) 重修"，原塔已毁，故此定为清塔；把铜川市兴元寺塔定为明代佛塔，因其"一说为明代塔"并"六角七级幢式石塔，第三层为鼓形"，其形制为明清时期幢式石塔的典型；把铜川万佛寺法海石塔定为金代塔。对于蒲城海源寺塔和长乐宝塔，《中国文物地图集·陕西分册》（下）定为金代塔，笔者并没有考证它们的年代，这是因为受战争和经济的影响，金代塔一般具有仿唐式、仿辽式、金刚宝座式和幢式塔四种，其余多不成体系，因此不会影响整体的分析。

表10-2 关中地区遗存宋金时期古塔统计

塔名	别称	年代	层数	塔高 (米)	形制	位置	塔刹	备注
圆测灵塔	圆测法师舍利塔	宋	3	7.1	方形楼阁式砖塔	西安市长安区杜曲	宝瓶式	唐塔风格
宝林寺塔	敬德塔	宋	7	16.98	方形楼阁式砖塔	西安市户县太平乡	残毁未知	
大秦寺塔	镇仙宝塔	宋	7	38.26	八角楼阁式砖塔	西安市周至县楼观镇	宝葫芦状	

塔名	别称	年代	层数	塔高 (米)	形制	位置	塔刹	备注
铜川塔	重兴寺塔	宋	7	15	六角密檐式砖塔	铜川市市区同官路北街	铁质宝珠式	
万佛寺塔		宋	9	18.62	六角密檐式砖塔	铜川市耀县下高埝乡	塔顶残毁未知	向东倾斜严重
法海石塔		金	10	2.65	方形楼阁式石塔	铜川市耀县下高埝乡	四面坡式	
耀县塔	神德寺塔	宋	9	29	八角密檐式砖塔	铜川市耀州区城关镇	塔顶残毁未知	
太平寺塔		宋	9	28.2	八角密檐式砖塔	宝鸡市岐山县凤鸣镇	塔顶残毁未知	
眉县塔		宋	7	20.44	方形密檐式砖塔	宝鸡市眉县城关镇	宝瓶式	塔身东北倾斜
薄太后塔	香积寺塔	宋	7	28	方形楼阁式砖塔	咸阳市礼泉县烽火乡	残毁未知	
永寿塔	武陵寺塔	宋	7	27.5	八角楼阁式砖塔	咸阳市永寿县永平乡	残毁未知	东北偏离
彬县塔	开元寺塔	宋	7	47.84	八角楼阁式砖塔	咸阳市彬县城关镇	铁质塔刹	
泰塔		宋	7	53	八角楼阁式砖塔	咸阳市旬邑县城关镇	20世纪50年代加石雕宝瓶式塔刹	

 (续表)

塔名	别称	年代	层数	塔高 (米)	形制	位置	塔刹	备注
兴平北塔	保宁寺塔	宋	7	38.6	八角楼阁式砖塔	宝鸡市兴平市城关镇	残毁未知	或为纪念塔
武功塔	报本寺塔	宋	7	37.9	八角楼阁式砖塔	咸阳市武功县武功镇	残毁未知	
蒲城北寺塔	崇寿寺塔	宋	13	44.4	方形密檐式砖塔	渭南市蒲城县城关镇	残毁未知	
海源寺塔	温汤宝塔	金	9	30	六角密檐式砖塔	渭南市蒲城县永丰镇	残毁未知	
常乐宝塔		金	13	37	六级密檐式砖塔	渭南市蒲城县平路庙乡	残毁未知	
精进寺塔		宋	9	33.12	方形楼阁式砖塔	渭南市澄城县城关镇	相轮铁刹	
大象寺塔		宋	13	28	方形密檐式砖塔	渭南市合阳县平政乡	残毁未知	
蕴空法师塔		宋	3	8	方形楼阁式砖塔	渭南市华县大明乡	残毁未知	

资料来源：国家文物局：《中国文物地图集·陕西分册》（下），西安地图出版社，1998年；2004～2005年实地考察资料；赵立瀛：《陕西古建筑》，陕西人民出版社，1992年；赵克礼："陕西唐塔遗存考实及历史地理价值研究"，载《考古与文物》，2006年第1期；赵克礼："《陕西现存宋代古塔考》（上、下），载《文博》，2005年第5～6期。

图10-10 长安兴教寺圆测灵塔

　　宋金时期遗存古塔比较有名的有长安兴教寺圆测灵塔、户县宝林寺敬德塔、岐山太平寺塔、礼泉香积寺塔等。

　　长安兴教寺圆测灵塔位于西安市长安区杜曲镇西韦村西北兴教寺内，属于方形三层楼阁式砖塔（图10-10）。通高7.1米，底层龛室内有圆测法师塑像。层间平砖叠涩出檐，下砌菱角牙子，四角微翘。平砖四角攒尖，上置宝瓶式塔刹。因其形制模仿旁边唐代修建的"窥基塔"，所以呈现出唐塔的一般特征。

　　户县宝林寺敬德塔位于西安市户县太平乡绕弯村南2公里，属于方形7层楼阁式砖塔（图10-11）。残高16.98米，底层边

图10-11 户县宝林寺敬德塔
(资料来源：赵克礼："陕西唐塔遗存考实及历史地理价值研究"，载《考古与文物》，2006年第1期)

长2.8米。塔身底层较高，面西辟券门。二层以上每面作仿木结构三间，砌出倚柱、阑额、平座钩栏，当心间辟券龛，两侧饰菱花假窗。层间叠涩出檐，砌作椽头、菱角牙子；一层檐下作五铺作双抄斗拱，其他檐下平座均施四铺作单抄斗拱，补间铺作一朵。塔顶残毁。

岐山太平寺塔位于宝鸡市岐山县凤鸣镇西街北巷中段小学内，属于八角九级密檐式砖塔 (图10-12)。通高28.2米，底层边长2.6米；基座呈八角形，高1.18米，底边长4.75米。塔身底层南向辟券门，2～5级逐级交错辟二券门。2～7层每面作仿木结构三间，隐出倚柱、阑额、平座钩栏，间饰假方门、窗。层间叠涩檐出双排椽头，施五铺作双抄斗拱 (8层檐为四铺作，

图10-12 岐山太平寺塔
(资料来源：赵克礼："陕西唐塔遗存考实及历史地理价值研究"，载《考古与文物》，2006年第1期)

9层无斗拱），当心间补间铺作一朵，补间铺作为双抄偷心造斗拱；二层增设平座斗拱，座下为三抄六铺作斗拱；三层平座下饰以铺地莲瓣三层。塔顶平砖攒尖，塔刹无存。

礼泉香积寺塔，又名薄太后塔，位于咸阳市礼泉县烽火乡刘家村中，属于方形7层楼阁式砖塔（图10-13）。高约28米，塔基边长6.5米。塔身底层辟南北向券门，往上交错辟券门，5～7层四面辟券窗。二层以上每面作仿木结构三间，砌出倚柱、阑额、平座斗拱和钩栏；檐下斗拱有双抄五铺作，双抄华拱偷心造等。层间平砖叠涩出檐，下砌作菱角牙子，补间铺作一朵。四角攒尖顶，塔刹无存。资料中多有认定其为唐塔

图10-13 礼泉香积寺塔
(资料来源：赵克礼："陕西
唐塔遗存考实及历史地理价值
研究"，载《考古与文物》，
2006年第1期)

的，但从其整体结构和塔面装饰以及斗拱有补间铺作以及双抄五
铺作、双抄华拱偷心造等类型来看，应该属于宋代佛塔的类型。

基于以上资料的整理与分析，可对关中地区遗存宋金塔
的地域特征总结分析如下。

从数量上分析，关中地区遗存宋金时期古塔有21座，在
全国范围内并不是最多的地区，这与其在政治、经济、文化上
地位的下降有关。但其结构仍然具有浓厚的地域特征，也可为
研究其他地区宋金时期古塔的形制提供参考。

从内部地域分布分析，这些塔的分布有向西安市周围扩散的明显趋势，其分布数为西安3座、咸阳6座、铜川4座、渭南6座、宝鸡2座。在这种扩散现象的背后，隐藏着一条隐约可见的规律，那就是其扩展大概是沿着以下四条路线展开的。①东经华县、潼关出陕西到河南；②东北经蒲城、合阳、韩城出陕西；③西经兴平、武功、扶风、岐山出陕西；④西北经泾阳、永寿、彬县出陕西。这与关中地区在唐代形成的以长安为中心的五条陆路干线中的四条完全吻合。这五条陆路干线是：①东出潼关直抵洛阳；②东南经商洛出武关入荆襄地区；③东北经蒲州、沿渭水、汾水谷地达太原；④西经岐州出大散关至成都；⑤西北经邠州出萧关至凉州通西域。

其中，东南经商洛出武关入荆襄地区这条陆路干线并没有通过古塔遗存表现出来，这是因为长安向东南过蓝田境已属于陕南地区，此区域并不在本文的研究范围之内。但如果把视线投入此区域，古塔遗存同样可以证明这条陆路干线的存在，因为商洛二龙山有遗存宋塔两座、山阳县有遗存丰阳寺宋塔一座等。

宋金古塔沿着四条有规律的路线扩展分布的现象是有原因的。因为在交通便利的地区，人们的活动频繁，货物的流通也很频繁，所以一般会成为僧侣弘扬佛法的最佳之地。因此，佛教也逐渐在这些交通要道上发展起来，佛塔的大量建造也就不足为奇了。

在这里需要说明的一点是，在关中地区遗存宋金时期的古塔中，有许多是在宋金时期曾对唐代古塔进行过修复的，因为没有按照原来的形制修复，故此将其按结构特征划为宋金时期的古塔，但在许多宋金古塔的背后，都隐藏着和唐代古塔千丝万缕的联系。或在损毁唐塔的原地重建佛塔，或对其进行修复，但没有按唐代形制进行。因此，这些宋金时期的古塔也应成为该地曾经存在唐塔的有力证据。例如，咸阳市礼泉县香积寺塔，"建于北魏至隋唐之间，今已不存。塔建于唐代"。但是依据其塔身上的装饰及结构来看，笔者倾向于为宋代塔的说法，因为唐代古塔装饰比较素洁，而此塔檐下斗拱结构多样，有双抄五铺作、双抄华拱偷心造以及檐头仿木结构椽头、瓦垄等，这些特点在唐塔上很少出现。

从遗存宋金时期古塔的结构来看，除长安华严寺圆测法师塔（因为此塔在修建时是完全模仿旁边唐代窥基灵塔而修建，所以不具备宋塔的特征）、铜川法海石塔（为一亭阁式石塔）外，大体具有以下的基本特征。

塔身有四边形、六边形和八边形三种形式。其中，呈四边形的有7座，分别为敬德塔、净光寺塔、香积寺塔、崇寿寺

塔、精进寺塔、大象寺塔、蕴空法师塔；呈六边形的有4座，分别为重兴寺塔、万佛寺塔、海源寺塔、长乐宝塔；呈八边形的有8座，分别为大秦寺塔、神德寺塔、太平寺塔、武陵寺塔、开元寺塔、泰塔、清梵寺塔、报本寺塔。这三种形式的塔分别占到总数的37％、21％、42％，由此可见八边形为宋塔塔身结构的主要类型。

塔身结构仍然以楼阁式和密檐式为主。其中，楼阁式10座，密檐式9座。以西安为中心，东部地区多为密檐式塔，而西部地区多为楼阁式塔。位于东部的密檐式塔有重兴寺塔 (铜川) 、神德寺塔 (铜川) 、万佛寺塔 (铜川) 、崇寿寺塔 (蒲城) 、海源寺塔 (蒲城) 、长乐宝塔 (蒲城) 、大象寺塔 (合阳) ，共计7座，占到遗存宋金密檐式塔的78％。

而位于西部的楼阁式塔有敬德塔 (户县) 、大秦寺塔 (周至) 、香积寺塔 (礼泉) 、武陵寺塔 (永寿) 、开元寺塔 (彬县) 、泰塔 (旬邑) 、清梵寺塔 (兴平) 、报本寺塔 (武功) ，共计8座，占到遗存宋、金楼阁式塔的80％。

出现这种情况的原因并非一定，可能与造塔的模仿行为有关。因在建造一座塔时总是以附近有名的塔为参考，因此形成这种格局也在情理之中。

塔身高度最高者为旬邑泰塔，高达53米；最低者为圆测灵塔，高达7.1米。在许多古塔上部残毁的情况下，其高度也分别在8～48米之间。

　　檐部做法均为平砖叠涩出檐，下砌作菱角牙子不等。檐下一般有不出椽头、出单排椽头或出双排椽头三种式样。不出椽头的有10座，分别为大秦寺塔、净光寺塔、香积寺塔、开元寺塔、泰塔、清梵寺塔、报本寺塔、崇寿寺塔、精进寺塔、大象寺塔。出单排椽头的有2座，分别为敬德塔、蕴空法师塔。出双排椽头的有7座，分别为重兴寺塔、神德寺塔、万佛寺塔、太平寺塔、武陵寺塔、海源寺塔、长乐宝塔。也有在檐下作瓦垄的，如武陵寺塔和蕴空法师塔。赵克礼先生认为，"北宋所建砖塔塔檐均有仿木结构的椽头、瓦垄，是宋代古塔区别于唐代古塔的重要特征"。

　　宋金时期古塔在塔面装饰上出现趋于华丽的特征，主要表现是塔身上大量装饰性斗拱、平座钩栏的使用和补间铺作的大量使用。斗拱的做法主要有单抄四铺作、双抄五铺作和三抄六铺作三种，还有少量单抄、双抄偷心造的做法。其中，双抄五铺作是使用最为频繁的斗拱做法，在19座古塔中，有11座都使用了双抄五铺作的做法。

　　以砖作仿木结构在塔身上隐出平座钩栏也是宋金时期普遍使用的装饰方式。在19座古塔中，有9座都使用了这种方

法。补间铺作也称为平身科，是位于两柱之间枋子上的斗拱，除具有分担柱头铺作的压力外，更多的便是装饰作用。在这19座古塔中，有12座使用了补间铺作一朵的结构，其中两座还使用了补间铺作两朵的方法。正如《中国古代建筑史》所说，宋代建筑"斗拱比例小，补间铺作的朵数增多，使整体结构发生了若干变化"。

宋金时期的古塔在券门和券窗的设计上，比唐塔要繁复一些。除了继承发展唐塔逐层上下交错以稳固塔身的因素外，还与其自身结构多为八角形和六角形以及追求塔身装饰等设计理念有关。虽然比较繁复，但仍可发现其中的一些规律，即塔身底层有在各面作券门、假券门的，比如南面、北面、东北、西南、西面、西北等。除此之外对二层以上的装饰可总结为以下三种情况。第一种是以上每层四面均作券门、券窗的，有两座。第二种是以上各层或局部层在各个方向逐层上下交错辟券门、假券门或券窗的，有的还在次间装饰以棂格窗、菱花假窗，总计有14座。这种情况既表现出宋金时期建筑技术的成熟，因为交错做法可使得塔身更加坚固，又表现了宋金时期在建筑艺术上的发展。第三种情况是塔身二层以上很少作券门、券窗或不作的，有3座。

宋金时期遗存古塔的塔刹大多残毁，在19座塔中有13座已经毁坏，不能辨认其最初形制，实在是一件很遗憾的事情。在另外6座保存塔刹的古塔中，有3座使用了平座攒尖上置砖石制宝瓶式塔刹的做法，另外3座则使用铁质塔刹。因为可供分析的资料太少，所以对于宋金时期塔刹的做法暂时不做确定的规律总结。

关中地区宋金时期的塔从唐代塔发展而来，继承了唐塔中许多优秀的技术和艺术，并取得了很大的发展和创新。其中，建筑风格仍以楼阁式和密檐式为主，东部地区多为密檐式而西部地区多为楼阁式；塔身相对比较高大；檐部处理仍以平砖叠涩出檐，下砌菱角牙子为主，但多了仿木椽头和瓦垄的装饰；塔身形式不再局限为四角形，而以八角形、六角形为主；塔身装饰改变唐代朴素无华的做法，体现出华丽的特点，最主要的原因在于檐下斗拱数目和形式增多，塔身以砖隐出平座钩栏，更增加了补间铺作的做法；券门、券窗的做法更多采取逐层上下相错的方法，和唐代在同一方向层层开辟券窗相比，这种建造方法在防止塔身断裂方面有了很大的进步。

参 考 文 献

1. Bonechi .2001. *Art and History of Paris and Versailles.* Baker & Taylor Books.

2. Pneu Michelin (Firm) .1984. *Paris atlas: Répertoire des rues, sens uniques, transports, renseignements pratiques (Unknown Binding).* Pneu Michelin (8eéd edition) .

3. TUSCANY,Officina Grafica Bolognese, Bologna,Italy,2004.

4. 〔古罗马〕阿庇安著，谢德风译：《罗马史》，商务印书馆，1985年。

5. 〔英〕阿瑟·韦戈尔著，王以铸译：《罗马皇帝尼禄》，辽宁教育出版社，2003年。

6. 〔英〕查尔斯·尼科尔著，朱振武等译：《达·芬奇传》，长江文艺出版社，2006年。

7. 陈志华：《意大利古建筑散记》，安徽教育出版社，2003年。

8. 〔美〕费慰梅著，成寒译：《中国建筑之魂》，上海文艺出版社，2003年。

9. 〔法兰克〕格雷戈里著，寿纪瑜、戚国淦译：《法兰克人史》，商务印书馆，1981年。

10. 国家文物局主编：《中国文物地图集·陕西分册》（下），西安地图出版社，1998年。

11. 〔美〕汉斯·A.波尔桑德尔著，许俊南译：《君士坦丁大帝》，上海译文出版社，2001年。

12. 侯仁之：《侯仁之燕园问学集》，上海教育出版社，1991年。

13. 侯幼斌、李婉贞：《中国古代建筑历史图说》，中国建筑工业出版社，2002年。

14. 〔美〕坚尼·布鲁克尔著，朱龙华译：《文艺复兴时期的佛罗伦萨》，生活·读书·新知三联书店，1985年。

15. 李雅书、杨共乐：《古代罗马史》，北京师范大学出版社，1994年。

16. 梁从诫：《林徽因文集·建筑卷》，百花文艺出版社，1999年。

17. 刘敦桢：《中国古代建筑史》，建筑工业出版社，1984年。

18. 〔瑞士〕路德维希著，王宪生译：《拿破仑传》，海燕出版社，2001年。

19. 〔法〕路易·吉拉尔著，郑德弟译：《拿破仑三世传》，商务印书馆，1999年。

20. 〔意〕路易吉·萨尔瓦托雷利著，沈珩、祝本雄译：《意大利简史》，商务印书馆，1998年。

21. 〔法〕罗曼·罗兰著：《米开朗基罗传》，团结出版社，2003年。

22. 〔美〕M.罗斯托夫采夫著，马雍、历以宁译：《罗马帝国社会经济史》，商务印书馆，1986年。

23. 罗哲文：《中国古代建筑》，上海古籍出版社，2001年。

24. 马正林主编：《古今西安》，陕西师范大学出版社，1986年。

25. 〔英〕迈克尔·格兰特著，夏遇南、石彦陶译：《罗马史》，国际文化出版公司，1990年。

26. 〔意〕乔治·瓦萨里著：《著名画家、雕塑家、建筑家传》，中国人民大学出版社，2004年。

27. 唐亦功：《城市·建筑的理性与和谐》，陕西师范大学出版社，2006年。

28. 〔德〕特奥多尔·蒙森著，李稼年译：《罗马史》，商务印书馆，2004年。

29. 夏遇南：《罗马帝国》，三秦出版社，2000年。

30. 〔瑞士〕雅各布·布克哈特著，何新译：《意大利文艺复兴时期的文化》，商务印书馆，2004年。

31. 张永帅："唐长安住宅研究"，2006年陕西师范大学硕士论文。

32. 赵克礼："陕西唐塔遗存考实及历史地理价值研究"，载《考古与文物》，2006年第1期。

33. 赵克礼："陕西现存宋代古塔考"（上、下），载《文博》，2005年第5～6期。

34. 赵立瀛：《陕西古建筑》，陕西人民出版社，1992年。

35. 朱龙华：《罗马文化》，上海社会科学院出版社，2003年。

36. 朱龙华：《意大利文艺复兴的起源与模式》，人民出版社，2004年。

后　记

　　在键盘上敲下了最后一个句号后，我终于长长地松了一口气。在写作这本书的过程中所经历的一个个痛苦与狂喜的体验，已使我心力交瘁到了极限状态。在此期间，我拿着在意大利、法国实地拍摄的近千幅照片，仔细地对他们的建筑风格、形式特点进行了认真地分析。在此基础上，又对其中所呈现出的各种规律作出了归纳和研究，并进一步探求了这些规律之所以形成的历史、文化甚至观念等方面的原因。

　　这是一个艰辛、痛苦的过程。在这个过程中，我白天埋首在一堆堆的资料和照片中，经常是寝食俱废，不知身在何处。夜晚进入梦乡后，还常常延续白天的思绪。梦境往往是不连续且模糊不清的。在梦中，我看到过恺撒和安东尼那隐约可见的身影；我说着流利的英语与罗马市长讨论过罗马的城市布局与巴黎的区别；我甚至还有幸成为了强大的罗马军团的一名战士而到了希腊的科林斯城。在此期间，我的内心和灵魂早已不属于自己，只为了追慕那永恒与不朽的辉煌。

　　然而，我又是快乐的。这种快乐，既有探索和发现所带来的狂喜和成就感，也有身处其中独自沉浸、品味的快感和巨

286　恒的城市与建筑

大的幸福感。

　　现在，那些昔日的辉煌已经永恒地呈现在了我的面前，我一时竟无语凝咽。如果这些珍宝能通过我而能让更多的人欣赏它、仰慕它、追随它、效仿它，我的使命也就完成了。

　　我的学生姜小军不仅对书中大量的插图作了许多技术上的处理，还对本书的编排和最后的定稿花费了大量的时间和精力。如果没有她的帮助，这本书不可能如此顺利地脱稿。我的学生卞建宁将他研究关中地区古塔的硕士论文作为此书的补充，亦使得本书的内容更加丰富。商务印书馆的颜廷真博士对本书的出版给予了大量的帮助，使得本书得以顺利出版。在此，特向他们致以深深的谢意。

唐亦功

2007年10月28日